中国资源环境与生态系统评估丛书

2015' WWF-Fudan University Linked Project

气候变化与中国韧性城市发展对策研究

Studies on Climate Change and Development Strategies for the Resilient Cities in China

王祥荣　谢玉静　李　瑛　等编著

科学出版社
北京

内 容 简 介

本书较系统地探讨了全球气候变化背景下，国内外韧性城市的发展概念、理论方法、经验启发等。并以上海为例，评估了气候变化背景下，城市基础设施、社会系统、绿地与湿地系统的韧性状态，提出了综合性的韧性城市发展对策。

本书可供城市规划、建设管理、生态环境保护等相关领域的政府管理人员、智库人员、科研人员、高等院校师生参考阅读。

图书在版编目(CIP)数据

气候变化与中国韧性城市发展对策研究 / 王祥荣等编著.
—北京：科学出版社，2016.8
(中国资源环境与生态系统评估丛书)
ISBN 978-7-03-048497-0

Ⅰ.①气… Ⅱ.①王… Ⅲ.①气候变化-关系-城市发展战略-研究-中国 Ⅳ.①P468.2②F299.2

中国版本图书馆 CIP 数据核字(2016)第 121571 号

责任编辑：许 健
责任印制：谭宏宇 / 封面设计：殷 靓

科学出版社 出版
北京东黄城根北街 16 号
邮政编码：100717
http://www.sciencep.com
南京展望文化发展有限公司排版
广东虎彩云印刷有限公司印刷
科学出版社发行 各地新华书店经销

*

2016年8月第 一 版 开本：787×1092 1/16
2024年8月第十三次印刷 印张：8 插页：4
字数：177 000

定价：59.00 元

(如有印装质量问题，我社负责调换)

《气候变化与中国韧性城市发展对策研究》

编委会

主　　编： 王祥荣

副 主 编： 谢玉静　李　瑛

编写人员： 王祥荣　谢玉静　李　瑛　徐艺扬
鲁　逸　李　昆　卢伦燕　钱敏蕾
李　响　凌焕然　米黑古丽·卡德尔

序

以全球变暖为显著特征的全球气候变化已是不争的事实，并已经对全球社会、经济和环境的可持续发展带来了严峻的挑战。减缓和适应是人类应对气候变化行动中两种相辅相成的措施。过去几年，中国政府出台了一系列低碳发展方案，在节能减排、产业转型、技术创新、低碳城市等减缓方面增加投入，并取得了令人瞩目的成绩。在全球气候变化影响日益突出、气候变化减缓行动难以迅速奏效的情形下，采取具有针对性的适应战略已经成为世界各国更为紧迫的选择。

2015 年 12 月，在巴黎举行的第 21 届联合国气候变化大会通过全球气候变化新协定——《巴黎协定》，明确了 2020 年到 2030 年全球气候治理机制，推动全球向清洁能源未来转型的进程。《巴黎协定》是全球气候治理进程的又一"里程碑"，为气候适应设立了全球目标，同时也清晰地描述了损失与损害机制，这两点是非常关键的成果，将有力提升国际社会对受气候灾难影响的脆弱人群和地区的重视程度。因而，在制定气候变化适应战略时，应围绕那些对社会和经济发展以及对公众安全造成最大危害的领域。

城市是人类社会人口、财富的主要聚集区，也是受气候变化影响最严重的区域，因此开展城市适应气候变化研究至关重要。目前很多国家和国际机构已积极探索城市适应气候变化经验：在遭遇台风、洪涝等极端气候事件的打击下，美国、英国、荷兰等国家的城市决策者意识到应对气候灾害风险的重要性，自 2000 年起先后制定了城市防灾计划或适应计划，其中的经验和教训值得我们借鉴；2009 年 WWF（世界自然基金会）在《巨型城市面对的巨大压力：亚洲主要海岸带城市气候脆弱性排名》（*Mega-Stress for Mega-Cities: A Climate Vulnerability Ranking of Major Coastal Cities in Asia*）的报告中指出"许多城市在风暴和洪水面前极端脆弱，大量的人员和资产在危机关头的社会经济敏感性水平令人担忧，这些城市在破坏性因素影响下缺乏自我保护能力。"这说明城市不仅是全球碳减排的重要阵地，也应是气候适应的重点区域之一。但是，由于城市自身系统的复杂性使得城市适应气候变化的研究工作起步较晚。

基于国内外气候变化适应最新研究进展、国家气候变化适应相关政策以及中国城市在气候变化适应领域的实践，WWF 与复旦大学合作开展"气候变化与中国韧性城市发展对策研究"，评估了中国典型城市应对气候变化能力，探讨加强韧性城市规划的政策研究和技术支持，并将研究成果正式出版。衷心希望本书的出版，能为我国传统城市管理模式和治理理念转型提供一些思考，在未来的城市治理和规划设计中考虑应对气候变化相关风险与灾害的需要，以期推动我国韧性城市建设的进程。

WWF（世界自然基金会）中国总干事

卢思骋

2016 年 7 月

前　言

气候变化对全球经济、社会和环境的协调发展带来了严峻挑战，国际社会近年来提出了针对性的减缓和适应对策措施。比较而言，减缓以温室气体长期减排为主要措施，将有助于减小气候变化的速率与规模；而适应则以提高防御和恢复能力为目标，可以将气候变化的影响降到最低。两者应是相辅相成的。

城市是人类社会与经济活动的主要聚集区，人流、物流、能流、信息流、资金流等高度汇集与运转，能耗、水耗、环境污染及交通拥堵的交叉影响十分巨大。城市既是环境问题的“源”，也是环境问题的“汇”，受到气候变化的影响也最为严重和最为直接。WWF（世界自然基金会）报告《巨型城市面对的巨大压力》(2009)、世界银行报告《气候变化适应型城市入门指南》(2009)和不少国际城市近年来对此都有相应的研究或应对措施。国家发展与改革委员会发布的《国家适应气候变化战略》(2013)强调，在推进城镇化进程的同时提升城市适应能力，改善人居环境，保障人民生产生活安全；《中国城市适应气候变化行动方案》(2016)进一步明确了我国城市适应气候变化相关工作的目标要求、主要行动、试点示范和保障措施，指出到2020年，我国将普遍实现将适应气候变化相关指标纳入城乡规划体系、建设标准和产业发展规划，建设30个适应气候变化试点城市。

在生态城市、低碳城市、海绵城市概念的基础上，国际社会近些年又系统地提出了韧性城市(resilient city)的概念，并在纽约、伦敦、芝加哥、波士顿、鹿特丹、德班、基多等国际城市开展了研究与规划实践；国际著名的“Global 100 Resilient Cities”项目也选择了我国的四川德阳市、湖北黄石市作为试点城市，该项目旨在通过为城市制定和实施韧性计划提供技术支持与资源，提高城市韧性与民生福祉。因此，在城市治理和规划设计中转变传统的城市管理模式和治理理念，综合考虑应对气候变化相关风险与灾害的需要，打造具有“韧性—恢复力”的韧性城市十分重要。

本书是复旦大学王祥荣教授项目组与WWF共同合作完成的《中国气候变化韧性城市发展研究》项目(2015)的研究成果，主要基于国内外气候变化适应研究的最新进展、案例分析、研究方法、指标体系、相关政策以及我国部分城市在气候变化适应领域的实践，并以上海市为具体研究对象进行了剖析，旨在评估国内外代表性城市应对气候变化的能力与方向，探讨与加强中国韧性城市规划对策和技术支持，为中国城市适应气候变化战略及行动方案的制定提供参考。

本书包括五大部分的主要内容与成果：

(1) 背景与意义。从城市适应气候变化和韧性城市概念及内涵两个方面，阐述了气候变化背景下韧性城市研究的背景与意义。

(2) 城市适应气候变化的研究方法论。梳理并分析了国际上关于气候变化韧性城市的研究方法与评估指标体系的实践，包括模型评价法、指标评价法、对比研究法等；基于 PSR 模型，从经济应对能力、公共服务水平、基础设施发展和环境保障四个方面，构建了“目标层—主题层—要素层—指标层”四层次的城市气候变化韧性评估框架，提出了城市气候变化韧性评估的参考指标体系。

(3) 国内外韧性城市发展经验借鉴。分析了美国纽约和波士顿、英国伦敦、荷兰鹿特丹等国际城市案例，以及我国的成都、深圳、德阳、黄石、合肥、宁波、绵阳等，在韧性城市规划规划建设中的经验与启示，提出了我国韧性城市发展的四条建议途径。

(4) 专案分析：上海韧性城市状况评估。以上海市为例，开展了上海市韧性城市评估和战略研究，内容主要包括：① 构建评估指标体系进行上海市城市基础设施的韧性评估；② 通过地表温度反演、热岛强度(UHII)分级、温度植被指数(Temperature Vegetation Index, TVX)等方法对城市绿地系统应对高温的韧性进行评估；③ 通过采用 GIS 空间分析技术与模型计算和分析相结合的方法对上海市代表性湿地生态系统——崇明东滩、南汇边滩、九段沙湿地开展了韧性评估。

(5) 中国韧性城市发展对策。从七个方面探讨了气候变化背景下中国韧性城市发展对策：① 构建中国特色的韧性城市理论；② 构建城市应对气候变化的协同治理机制；③ 重点区域重点干预，推动韧性城市的示范和试点建设；④ 融合信息科技，通过韧性规划对策应对各方面风险；⑤ 研发城镇重大灾害和事故应急处置关键技术；⑥ 创新推动“绿色发展”；⑦ 推动韧性城市评估与规划，落实组织实施保障。

本书是集体智慧的结晶，编委会的组成人员主要有：王祥荣(主编)、谢玉静(副主编)、李瑛(副主编)以及徐艺扬、鲁逸、李昆、卢伦燕、钱敏蕾、李响、凌焕然、米黑古丽·卡德尔等编委。本书的出版还得到了国家社科基金重点项目“基于 PSR 模式的我国生态文明建设指标体系研究”(13AZD075)、国家社科基金重大项目“我国特大型城市生态化转型发展战略研究”(14ZDB140)和国家“十三五”科技重点研发计划项目“长三角城市群生态安全保障关键技术研究与集成示范”(2016YFC0502700)的支持与资助，得到了 WWF 卢思骋、李琳、任文伟、陈欣、雍怡、王蕾、张楠、陈沙沙、邓梁春，上海市气候变化研究中心穆海振研究员、田展研究员，上海市环科院王敏教授级高工与胡静高工、同济大学沈清基教授、上海市社科院屠启宇研究员等的咨询建议。在此，一并向为本书出版付出辛勤劳动与汗水的各位作者和提供参考资料、数据及建议的学者与相关部门以及 WWF 表示诚挚的谢意!

由于时间与水平有限，书中不足和错误难免，欢迎各位读者批评指正。

2016 年 7 月于上海复旦园

Summary

The Fifth Assessment Report of Intergovernmental Panel on Climate Change (IPCC) clearly pointed out that human influence on climate is clear. Some impacts of climate change will continue for centuries, even if all emissions from fossil-fuel burning were to stop. Facing the rise of temperature and sea level, people gradually realize that it is the core to take the action plan and developing strategy for the adaptation of the climate change with the reduction of greenhouse gas emissions as soon as possible. In the end of 2013, China issued "National Strategy of Climate Change Adaptation", which is the first national-level adaptation strategy in China. It showed that adaptation was further strengthened in China which had began to promote the top-level design work.

The urban area is the main region which gathers the most population and social wealth meanwhile it also turns out to be the main area that is affected by climate change. Therefore, to carry out climate change adaptation research is very important. In 2009, WWF's "Mega-Stress for Mega-Cities" pointed out that many of the largest cities in Asia are located on the coast and within major river deltas, making them highly susceptible to the impacts of climate change. Mega-Stress for Mega-Cities showed that all of the cities analyzed are currently extremely exposed to threats from storms and flooding to sea level rise, with huge numbers of people and assets at stake, and highlights the need for co-operation between developed and developing countries to prepare some of Asia's largest cities for the potentially devastating impacts of climate change. In such situation, cities have become the core region of the global response to climate change. However due to complexity of the urban system and climate change issue, it is difficult to study city responding to climate change and the research started relatively late. The World Bank released "Guide to Climate Change Adaption in cities" in 2009 and emphasized that the urban development and spatial planning need to be given full consideration to risk management; it also expected impacts of climate change and as a core part of urban development. WWF summarized global climate change and vulnerability assessment of estuarine city, and conducted a case study in Shanghai to build up an evaluation system, a framework and coping strategies. Vancouver City Council has adopted a comprehensive climate change adaptation strategy to ensure that Vancouver remains a livable and resilient city in the face of climate change. The landmark strategy recommends nine primary actions and over 50 supporting actions that the City of Vancouver can take to incorporate climate change adaptation measures into new projects and daily operations for all City business. In general, climate change strategy, action plan and the governance mechanism of cities in China are still lacking targeted and operational policy planning.

"National Strategy of Climate Change Adaptation" emphasied the importance of promoting adaptability of city, improving living environment and ensuring people's safety while promoting the urbanization. To strengthen city's adaptation climate change and also the implementation of "National Strategy of Climate Change Adaptation", National Development and Reform Commission and Ministry of Housing and Urban-Rural Construction jointly compiled and formally published "Cities of China to adapt climate change action plan" in February 2016, which has been clear about the work related to urban climate change to meet the demand of the target, the main action, pilot demonstrations and safeguard measures. It also pointed out that by 2020, the indicators related to the adaptation of climate change should be universally introduced into China's urban and rural planning system, the construction standards and industry development planning. The construction of 30 pilot cities to adapting climate change will be supported, and green building promotion ratio should reach 50%.

Therefore, it is critical to consider climate change risk into urban governance and planning, change traditional management and concept, and apply adaptive management as well as build up resilient cities.

A jointed project tited on Climate Change and Development Strategies for Resilient City of China has been carried out by WWF and Fudan University in 2015. It aims to evaluate the ability of typical cities of China to response climate change on the basis of the latest researches on climate change adaptation at both home and overseas, and strengthen the urban resilient policy and technical support, as well as provide with the suggestions to the relevant government department. The principal results of this project are reported from following five parts in this book:

(1) Background and significance

The significance of the research on the development of resilience city under the background of climate change were introduced in this chapter in the aspects of urban climate change adaptation and the conception of resilience city. Urban climate change adaptation is the response and adjustment of urban natural and cultural systems to the current and future climate change, which is a sustainable ability to reduce the vulnerability and enhance the resistance. In order to adapt to climate change, the resilient city could quickly adjust the development status and maintain the vitality of urban development. The basic features of resilience are the abilities of self-dependence and management of crises.

The previous studies indicated that most cities around the world, such as London, New York, Sydney and Rio de Janerio, etc are threatened by the global climate change. Especially, the sea level rise is a serious threat to the security of coastal cities.

China is a developing country facing the issues of a huge amount of population, a lack of energy resources, complex climate conditions and vulnerable eco-environment. Therefore, China is one of the most susceptible countries negatively impacted by climate change which has been a major challenge to the sustainable development of China. Under the influences of global warming, China has been most seriously impacted in region and population. Shanghai, as a typical coastal megacity of China, is also facing a quite severe threat to its adaptation to climate change.

It is of great significance both in theory and practice to conduct researches on adaptive strategies of resilient cities possess a scientific cognition of adaptive system under the background of climate change.

(2) Research methodology of urban adaptation to climate change

The adaptation to the climate change in recent years has attracted extensive attention in the international society. The analyses of urban vulnerability to climate change are a basis of estimating the effects of climate change and screening effective adaptation strategies and methods. The evaluation of urban vulnerability evaluation abroad mainly focuses on the impact of global change and urbanization, GIS, as well as the comprehensive index system. Attention was paid to the analyses of urban social economic vulnerability and stakeholders' participation in the process of vulnerability evaluation. Domestic researches mainly focus on the fields of the vulnerability of eco-environment, water resources and regional comprehensive climate change. The methods, such as modeling index evaluation and comparative study are generally employed.

In this chapter, some international practices of urban resilience evaluation index system are presented, including "Ten Essentials of Making Cities More Resilient" proposed by UNISDR and "The Resilient Capability Index" developed by the University at Buffalo Regional Institute, the State University of New York. Based on the P-S-R (Pressure-Status-Response) model, we built an "aim-theme-element-index" four-level urban climate change resilience evaluation framework, proposed an urban climate change resilience assessment index system, evaluated the policies and practices of typical cities, and assessed the adaptive ability and resilient level of cities in the aspects of economic adaptive capacity, the quality of public services, the infrastructure development and environmental protection. This could provide references for international and regional comparison, as well as local policy making.

(3) Experiences of resilient city development both at home and abroad

Climate changes will increase the uncertainty of disasters and extreme events, many of which have exceeded the scope of human cognition and experience. Therefore, the study of the typical cases in the construction of the resilient cities is of great necessity. In this chapter, extra large ports and coastal cities such as New York and Boston (US), London (UK) and Rotterdam (NL) are selected as international cases. The study aims to analyze the experiences of improving urban resilience to climate change.

In China, the practices of building resilient cities include: 1) Chengdu in Sichuan Province as the good example for disaster prevention and mitigation; 2) Shenzhen in Guangdong Province as the pioneer of new ideas and actions in urban planning and construction; 3) Deyang in Sichuan Province and Huangshi in Hubei Province as members of "Global 100 Resilient Cities"; 4) Hefei in Anhui Province as the practitioner of infrastructure improvement planning; and 5) Ningbo in Zhejiang Province and Mianyang in Sichuan Province as the explorers in the planning of resilient cities. The exploration and practices of these cities also provided various experiences and enlightenment for urban construction in China.

According to the experiences both at home and abroad, the ways to advance urban resilience in China should include: 1) building the risk and public safety system of early warning and monitoring, 2) adjusting structure of the industries, 3) improving the completeness of urban infrastructure and meanwhile decrease the redundancy, 4) enhancing the information communication between the government and the public.

(4) Special analysis: Assessment and development strategy for the resilient city of Shanghai

Located at the Yangtze river estuary and in the three-phase interchange place of the Yangtze River, the East China Sea and the land of eastern China, Shanghai, is highly susceptible to climate change caused by rising sea level and extreme weather events. By taking Shanghai as an example, the assessment of resilient city and strategy research of Shanghai were analyzed in this chapter. The main contents include: 1) The evaluation index systems are applied to evaluate the resilience of the Shanghai urban infrastructure and urban social system. The results showed that the resilience of urban infrastructure construction and the urban social system are satisfactory in Shanghai. 2) The earth's surface temperature inversion, heat island intensity (UHII), Temperature Vegetation Index (TVI) are employed to evaluate the resilience of urban green space to the high temperature in Shanghai. The results showed that during the process of urbanization, with fewer green space area, the surface temperature rising is sharp expand in city center to the outskirts and outer suburbs, and the study area of high temperature resilience will decrease. 3) Remote sensing and spatial analysis in GIS are used to evaluate the resilience of typical wetland ecosystems in Shanghai. The results showed that the resilience of the Jiuduansha wetland is highest, followed by the Dongtan Wetland and the Nanhui beach wetland. Nine development countermeasures for the resilient city of Shanghai are also put forward in this chapter.

(5) Development countermeasures of resilient cities in China

The seven strategies and suggestions are proposed to enhance the development of China's resilient cities under the climate change in this chapter: 1) building the urban resilient theory with the characteristics of China's resilient cities; 2) building a governance mechanism of cooperations in cities to adapt to climate change; 3) using strengthened intervention at key areas, and promoting the the construction of resilient cities; 4) assembling information technology and dealing with all aspects of riskness through the resilient planning countermeasures; 5) developing key technologies to manage major disasters and accidents in cities and towns; 6) promoting innovatively the green development of cities; and 7) promoting urban resilient evaluation and planning and implementing organization guarantee.

目 录

Contents

1. 背景与意义

本章从城市适应气候变化和韧性城市的概念及内涵两个方面，阐述了气候变化背景下韧性城市发展研究的背景与意义。城市适应气候变化是城市自然、人文系统对现状、未来气候变化的响应和调整，即减少脆弱性、增强抵抗力，是一种长期的持续的调整能力。韧性城市强调和突出在气候变化下城市应对外来冲击的能力，当灾害或者新的挑战发生时，城市能够迅速地调整发展状态，保存自己并且保持发展活力，最本质的特征是自我依赖性和处理危机的能力。

全球气候变化的相关研究表明，目前全球大部分城市（包括伦敦、纽约、悉尼、里约热内卢等）正受到气候变化的威胁，海平面上升严重威胁着滨海城市的安全。而中国作为发展中国家，人口众多，能源资源匮乏，气候条件复杂，生态环境脆弱，决定了中国是最易受到气候变化不利影响的国家之一，气候变化成为中国可持续发展的重大挑战。在全球变暖趋势下，中国成为受海平面上升受影响范围最大及人口最多的国家。同时上海作为中国的典型沿海特大型城市，正面临着相当严峻的适应气候变化的考验。

开展气候变化背景下的韧性城市发展对策研究，科学认识城市适应机制，具有极重要的理论意义和应用价值。

Background and significance

The significance of the research on the development of resilience city under the background of climate change were introduced in this chapter in the aspects of urban climate change adaptation and the conception of resilience city. Urban climate change adaptation is the response and adjustment of urban natural and cultural systems to the current and future climate change, which is a sustainable ability to reduce the vulnerability and enhance the resistance. In order to adapt to climate change, the resilient city could quickly adjust the development status and maintain the vitality of urban development. The basic features of resilience are the abilities of self-dependence and management of crises.

The previous studies indicated that most cities around the world, such as London, New York, Sydney and Rio de Janerio, etc are threatened by the global climate change. Especially, the sea level rise is a serious threat to the security of coastal cities.

China is a developing country facing the issues of a huge amount of population, a lack of energy resources, complex climate conditions and vulnerable eco-environment. Therefore, China is one of the most susceptible countries negatively impacted by climate change which has been a major challenge to the sustainable development of China. Under the influences of global warming, China has been most seriously impacted in region and population. Shanghai, as a typical coastal megacity of China, is also facing a quite severe threat to its adaptation to climate change.

It is of great significance both in theory and practice to conduct researches on adaptive strategies of resilient cities possess a scientific cognition of adaptive system under the background of climate change.

IPCC（政府间气候变化专门委员会）第五次评估报告明确指出：人类对气候系统的影响是明确的，即使停止了 CO_2 的排放，气候变化的多方面影响仍将持续许多世纪。以全球变暖为显著特征的全球气候变化已是不争的事实，并已经对全球社会、经济和环境的可持续发展带来了严峻挑战。在严峻的全球气候变化背景下，减缓和适应已成为人类社会应对气候变化行动中两种相辅相成的措施。以温室气体减排等为主要选择的减缓行动有助于减小气候变化的速率与规模，以提高防御和恢复能力为目标的适应行动则可以将气候变化的影响降到最低。在全球气候变化影响日益突出，气候变化减缓行动难以很快奏效的情形下，采取具有针对性的适应战略已成为世界各国更为紧迫的重要选择。

城市是人类的主要聚居区，能耗与水耗集中、环境问题突出、生态脆弱，既是环境问题的“源”，也是环境问题的“汇”，是受气候变化影响最为严重的区域，因此开展气候变化背景下城市适应性的研究至关重要。WWF 在《巨型城市面对的巨型压力》报告（2009）中指出：“许多城市在暴雨和洪水面前极端脆弱，大量的人员和资产在危机关头的社会敏感性水平令人担忧，这些城市在破坏性因素影响下缺乏自我保护能力”。在这样的情况下，城市就成了全球应对气候变化的核心区域。但是，由于其系统自身的复杂性和气候变化这一问题的复杂性，使得对城市系统应对气候变化的研究难度加大，起步较晚。世界银行发布的《气候变化适应型城市入门指南》（2009）强调了城市地区的发展管理和空间规划需要充分考虑到灾难风险管理和预期的气候变化影响，并将其作为城市发展的一个核心组成部分。在此背景下，继海绵城市（sponge city）之后，“韧性城市”（resilient city）成为国内外城市适应气候变化研究的又一个热点。

1.1 韧性城市概念与内涵

韧性(resilience)概念最早起源于生态学,由美国学者 Holling (1973)提出,随后不同的学科开始介入研究。不同学科的学者均认为,韧性最基本的含义是系统所拥有的化解外来冲击、并在危机出现时仍能维持其主要功能运转的能力。不过,不同学科的研究侧重点不同,有的学者强调缓冲力,有的则强调灾后恢复的速度。

韧性的概念自提出以来,经历了两次较大的修正。从最初的工程韧性(engineering resilience)到生态韧性(ecological resilience),再到演进韧性(evolutionary resilience),为进一步理解城市韧性做好了铺垫。韧性理论与城市系统相结合后,开拓了城市学研究的内容与视野。Alberti 等(2003)对韧性城市的定义是,城市一系列结构和过程变化重组之前,所能够吸收与化解变化的能力与程度;韧性联盟(Resilience Alliance, 2007)则认为韧性城市是城市或城市系统能够消化并吸收外界干扰,并保持原有主要特征、结构和关键功能的能力。Bruneau 等(2003)提出了"TOSE"框架进一步丰富了韧性城市的内涵,该框架由 4 个相互关联的要素组成,分别是技术韧性(technical resilience)、组织韧性(organizational resilience)、社会韧性(social resilience)和经济韧性(economic resilience)。其中,技术韧性(工程韧性)指城市基础设施对灾难的应对和恢复能力,如建筑物的庇护能力,交通、供水、供电和医疗卫生等基础设施和生命线的保障能力;组织韧性主要指当地政府机构的管治能力,特别是灾难发生时和发生后政府行使组织、管理、规划和行动的能力;社会韧性反映了不同社会群体对风险因素的响应能力和韧性的差异,这种差异主要缘于人口的属性特征差别,不同性别、年龄、种族、健康状况和社会经济地位的社会群体在面对风险和灾难时,会呈现出不同的状态和应对能力;经济韧性主要体现在就业水平、经济多样性以及灾害发生时的经济系统运行能力,另外还包括城市的自给能力,如灾难发生时,食品、水和生活用品的自我供给能力。

城市韧性(urban resilience),指的是城市系统和区域通过合理准备、缓冲和应对不确定性扰动,实现公共安全、社会秩序和经济建设等正常运行的能力。Godschalk (2003)认为韧性城市应该是可持续的物质系统(physical systems)和人类社区(human communities)的结合体,而物质系统的规划应该通过人类社区的建设发挥作用。与之相比,Campanella(2006)更加重视人类社区的力量。他通过评估分析美国新奥尔良市在卡特里娜飓风之后的表现,认为城市韧性实质上依赖于更有韧性的、足智多谋的民众集群。Jha 等(2013)进一步论述了城市韧性有四个主要的组成部分,即基础设施韧性(infrastructural resilience)、制度韧性(institutional resilience)、经济韧性(economic resilience)和社会韧性(social resilience)。基础设施韧性指的是建成结构和设施脆弱性的减轻,同时也涵盖生命线工程的畅通和城市社区的应急反应能力;制度韧性主要是指政府和非政府组织管治社区的引导能力;经济韧性指的是城市社区为能够应对危机而具有的经济多样性;社会韧性被视为城市社区人口特征、组织结构方式及人力资本等要素的集成素质。

综合而言,韧性城市必然具备这样的能力:在气候变化背景下能吸收针对其社会、经济和技术系统的未来冲击和压力,同时仍然能够维持其基本功能、结构、系统和地位。即韧性城市强调和突出城市应对气候变化下外来冲击的能力,当灾害或者新的挑战发生时,城市能够迅速地调整发展状态,保存自己并且保持发展活力,其最本质的特征是自我依赖性和处理危机的能力。城市韧性截然不同于以往倚重物质环境重建的单一目标,而是特别强调在城市这个庞大的社会生态系统面临不确定性的情况下,社会体系的营建和维护,及其反应和协调能力,因而多数研究适用于演进韧性的视角。这种能力建立在如下因素之间形成作用的基础之上:一,包括政府、非政府组织、民间组织、社会团体、民众等利益相关者;二,以制度、规章、社会特征、人力资本、社会资本等为代表的制约促进因素。

1.2 城市适应气候变化的研究进展

自20世纪70年代提出气候变化及其对人类社会可能产生的影响起,国际社会与科学界就开始讨论人类社会应如何响应全球变化并采取相应的对策。具体研究方向也从20世纪70年代提出的预防和阻止转移到80年代提出的减缓,直至目前所普遍认同的适应。适应性已成为全球变化科学的核心概念之一。全球变化的四大科学计划——世界气候研究计划(WCRP)、国际全球环境变化人文因素计划(IHDP)、国际地圈生物圈计划(IGBP)和国际生物多样性计划(DIVERSITAS)都将科学地适应未来环境变化作为人类社会保持可持续发展的重要准则。IPCC的历次评估报告都将适应作为人类应对全球气候变化的核心概念和途径。IPCC将适应定义为自然、人文系统对现状、未来气候变化的响应和调整。适应气候变化即减少脆弱性,增强抵抗力,是一种长期的、持续的调整能力。当前气候变化适应性研究主要集中在框架梳理和适应对策的制定两方面。吴建国等(2009)提出需从自然适应和人为适应两方面开展生物多样性适应性研究;崔胜辉等(2011)将适应性研究途径分为敏感性—脆弱性—适应性框架、暴露—适应能力—脆弱性框架与韧性—脆弱性—适应性框架;De Costa(2014)、蔡运龙等(1996)从农业、林业、海洋、水资源等领域提出了应对气候变化的适应性对策。目前国内对于某一城市气候变化适应性的定量评估(即适应度研究)比较缺乏,仅有少数学者开展了相关领域的研究。张立伟等(2013)研究了河南省小麦对气候变化的适应度;崔利芳(2012)以大连市、咸阳市为例构建气候变化适应度评价系统，判定了区域气候变化适应度；Dulal(2014)拟从气候信息系统、基础设施和制度的有效性三方面评估气候变化适应度。总体看来，对于气候变化适应度研究主要集中在某一领域对气候变化单方面适应评价，而对于城市区域气候与城市发展各领域的动态耦合关系研究相对较少，且对于各领域适应性评估采用同样的评定标准，忽视了气候与各城市之间相互关系的差异性。

城市作为复杂的巨系统，在变得越来越强大的同时，也变得越来越脆弱，任何子系统被破坏或不适应新变化，都可能给整个城市带来致命的危机甚至导致其毁灭，如：极端气候带来的干旱和洪涝侵扰；重大自然灾害，如汶川地震、海地地震和日本福岛海啸，带来的城市毁灭与破坏。韧性城市强调系统适应不确定性的能力，是一种相对安全无忧的途径。在这个逻辑框架下，城市系统能够如海绵一般以适当的手段吸收和缓冲扰动施加的影响，并通过系统组成部分之间的优化、协调和重新组合来分割和抑制相对有限的失效，最终取得系统整体的正常运行状态。韧性城市需要建得牢固灵便，而非脆而不坚。它们的生命线系统，如道路、公共设施和其他支撑设施，都要设计得在面临大水强风、地动山摇和恐怖袭击时还能继续运作；它们的新开发项目要在管理者指导下远离高风险地区，而现有的脆弱项目要搬迁到安全的地区；它们的建筑要建设或是加固到满足抵御灾害威胁的安全标准；它们的自然环境保护系统要保护好以维持重要的减灾功能。最后，它们的政府、非政府和私营组织要及时更新灾害脆弱性和灾害资源的信息，与有效的交流网络相联通，并且要习惯共同协作。因此开展气候变化背景下的韧性城市研究，科学认识城市适应机制，具有极重要的理论意义和应用价值。

1.2.1 全球气候变化下城市受灾人口研究

(1) 全球范围

美国气候变化中心(Climate Center)研究指出碳排放导致全球温度增高4℃将会有4.70亿～7.60亿人口处于受海平面上升威胁的区域，若将升高温度控制在2℃，则可以将受灾人口减至1.30亿～4.58亿(表1-1)。

表1-1 全球气候变暖下受海平面上升威胁区域人口数

上升温度(℃)	海平面上升区间(m)	2010年全球受海洋吞噬区域人口(亿)
1.5	1.6～4.2	0.51～2.91
2	3.0～6.3	1.30～4.58
3	4.7～8.2	2.55～5.97
4	6.9～10.8	4.70～7.60

资料来源：Strauss et al.，2015.

研究列出了若温度上升 4℃时，全球受灾最严重的前二十个国家及地区，中国为受灾最严重的国家，中国目前 1.45 亿人居住的沿海地区将变成汪洋。印度、越南和孟加拉等亚洲国家也面临同样威胁。将受海洋吞噬的地区 75%集中在亚洲(图 1-1)。全球城市人口最大的十大受威胁城市包括上海、香港、加尔各答、孟买、达卡、雅加达、河内等。

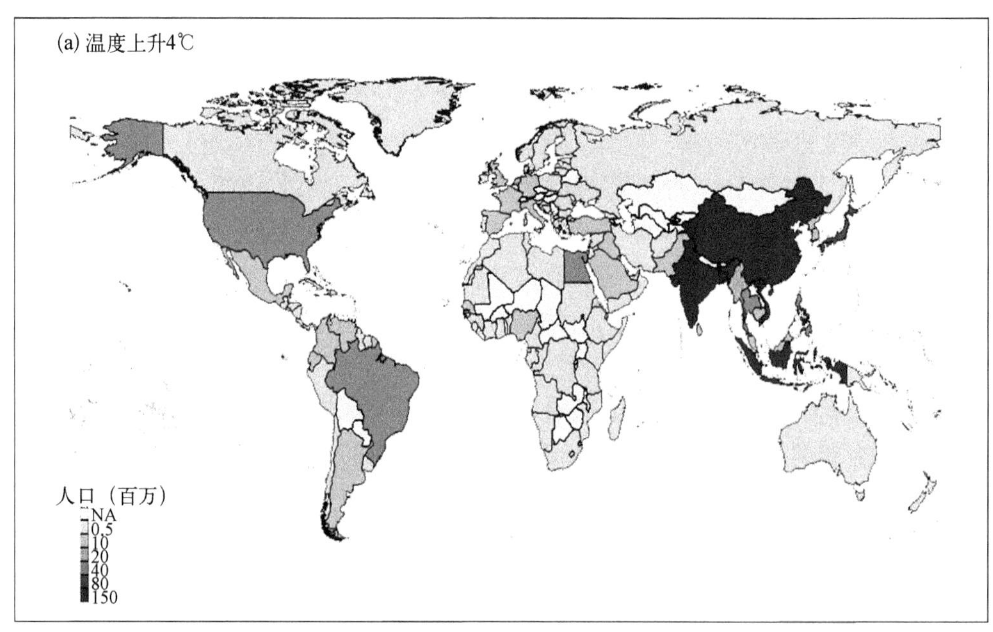

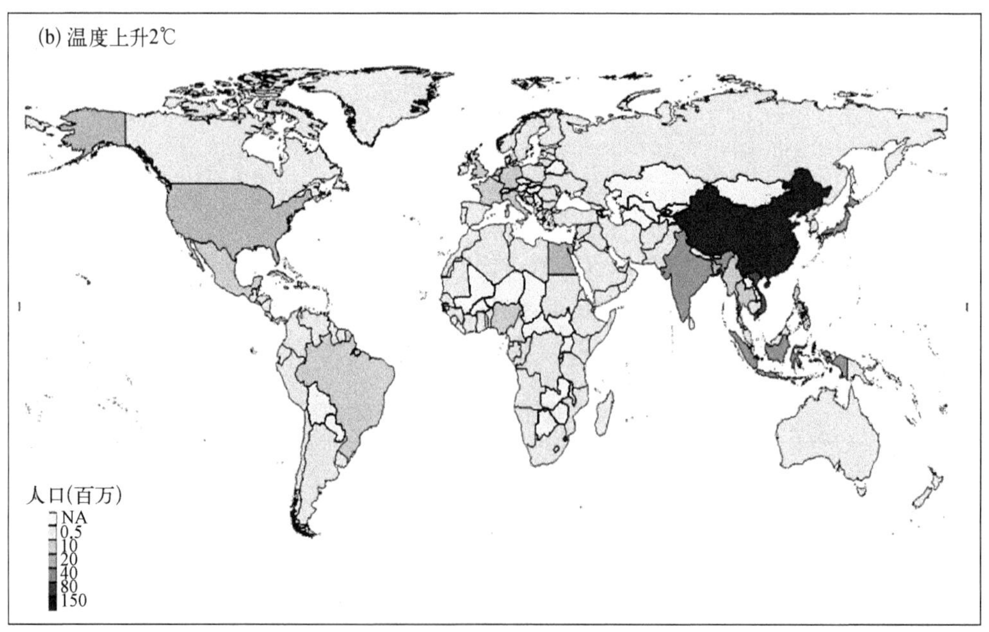

图 1-1 气候变暖下全球因海平面上升受威胁区域人口分布

资料来源：Strauss et al.，2015.

(2) 美国

温室气体排放是造成全球气候变暖，引起海平面上升的重要因素之一。美国学者 Strauss 等(2015)计算了不减弱的气候变化与强有力的碳排放削减情境下、面临长期海平面上升风险的美国土地、城市与人口。结果表明，目前美国面临因海平面上升被淹没风险的土地上居住着超过 2 000 万人，涵盖 21 个人口超过 10 万人的城市，受灾人口最多的五个城市为杰克逊维尔(Jacksonville)、萨克拉门托(Sacramento)、弗吉尼亚(Virginia)、迈阿密(Miami)、新奥尔良(New Orleans)，位处海岸带的大型城市是严重受灾区(图 1-2)。研究建议，为了应对面对未来的海平面上升，部分城市需要通过人工建造防护措施加以适应或者搬迁；而另一些城市则可通过积极地削减碳排放、改变碳排放政策来避免大淹没的威胁。

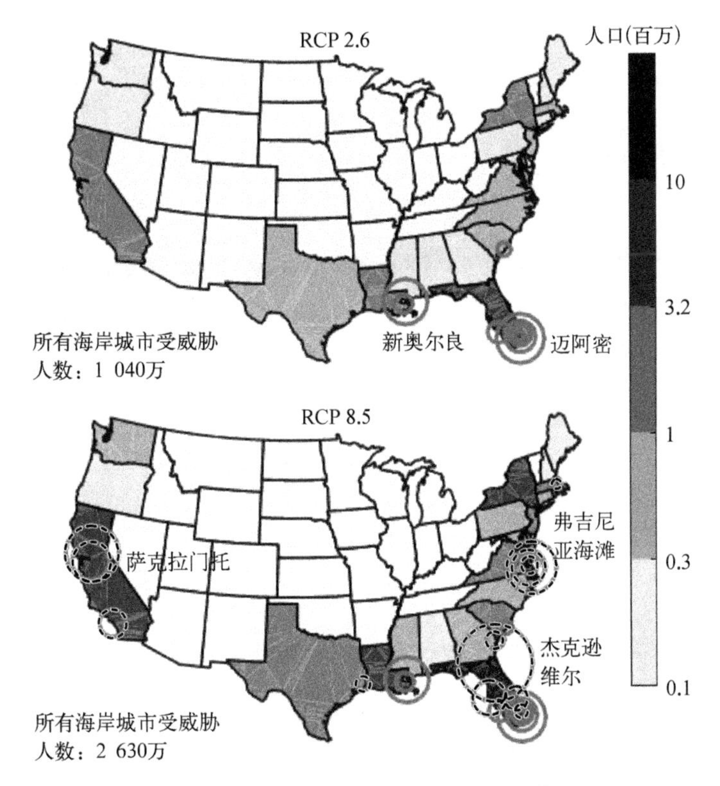

图 1-2 不同 RCP 情景下美国海岸带城市受海平面威胁人口

注：RCP 为 IPCC 设置的典型浓度路径排放情景，○为 RCP2.6 情景，◌为 RCP8.5 情景。

资料来源：Strauss et al., 2015.

1.2.2 全球气候变化下城市受灾景象模拟研究

据 Our Coast and Our Future 2016 年 4 月 26 日报道，Strauss(2015)团队结合

全球海平面上升研究成果和Nickolay Lamm电子绘图技术，可视化地模拟出全球各主要城市在海平面上升后的城市景象，直观地反映出全球气候变化对城市造成的影响(图1-3至图1-7)。

(1) 伦敦

伦敦，英国首都。如果气温升高2～4℃，整座城市变成“水城”。河水将漫过堤坝，在大街小巷上肆虐，房屋也将被水淹没。无论是私家车还是公共交通届时都将彻底瘫痪，乘船出行似乎成为唯一的选择。

图1-3 伦敦气候变化模拟景象

资料来源：上海科技报，2016.4.29(转引自Our Coast and Our Future)。

(2) 纽约

纽约,美国金融中心。由图 1-4 可见,若气温上升 2℃对纽约没有太大影响。但在上升 4℃时情况急转直下,整座城市将被海水吞噬,华尔街将变成汪洋。

图 1-4 纽约气候变化模拟景象

资料来源:上海科技报,2016.4.29(转引自 Our Coast and Our Future).

(3) 上海

上海，作为中国最重要的金融中心之一，受海平面上升威胁最为严重。若气温上升2℃，城市还能保留绿地和道路等区域，但大水已严重影响城市的交通运输。如果升温4℃，仅有高楼大厦还矗立在水平面之上，城市将面临全面瘫痪危机。

图1-5 上海气候变化模拟景象

资料来源：上海科技报，2016.4.29(转引自 Our Coast and Our Future).

(4) 悉尼

悉尼,澳大利亚首都。若气温上升 4℃,城市基本全部被淹没;若升温 2℃,城市受影响程度较轻。

图 1-6 悉尼气候变化模拟景象

资料来源:上海科技报,2016.4.29(转引自 Our Coast and Our Future).

(5) 里约热内卢

巴西里约热内卢，有600万常住人口。若气温上升2℃对城市的影响不大；若气温上升4℃，城市内涝现象将十分严重。

图1-7 里约热内卢气候变化模拟景象

资料来源：上海科技报，2016.4.29(转引自 Our Coast and Our Future).

1.3 中国城市适应气候变化的现状与问题

中国作为发展中国家，人口众多，能源资源匮乏，气候条件复杂，生态环境脆弱，尚未完成工业化和城镇化的历史任务，发展不均衡的基本国情决定了中国是最易受到气候变化不利影响的国家之一，全球气候变化对中国经济社会发展产生的诸多不利影响，成为可持续发展的重大挑战。中国也是世界上自然灾害发生最频繁、受灾损失最大的国家，地域间自然条件差异化程度极高，经常遭受各种自然灾害与人为灾害的影响。这些灾害的不确定性与破坏性带来了巨大的生命和财产损失。2013年中国因自然灾害带来的经济损失几近 4 210 亿人民币，约占当年 GDP 总量的 0.75%。洪灾及泥石流、地震和旱灾列主要灾害前三位，分别带来 1 880 亿、1 000 亿和 900 亿元的损失。尽管灾害损失占生产总值的百分比总体在下降，客观上反映了我国抗灾防灾水平的提高，但由于经济开发和土地利用强度今非昔比，经济损失的绝对值仍然相当高。由于城市需要容纳高密度的人口和经济活动，这些负面影响将会被逐渐放大。另外，一些以往经常被人们忽视的缓速扰动，例如气候变化、经济依赖、能源危机甚至非理性城市化等，正直接或间接地影响着城市，同样成为城市发展不确定性的重要影响因素(表 1-2)。

表 1-2 城市面临的不确定因素与脆弱因子

不确定因素	脆弱因子	特点	对城市系统影响
自然灾害	地震、火山、泥石流、台风(飓风)等	突发性、持续时间短、破坏力强	城市建设、基础设施、社会经济发展均受影响
气候变化	极端高温、暴雨、干旱、冰冻等	时空尺度相对较大、波及范围较广	城市基础设施面临重大挑战
资源利用	石油峰值、资源枯竭	长期性与可预见性	对城市交通运输和资源型城市可持续发展影响较大
金融危机	债券危机、股市崩溃	蔓延性强、累积性效应明显	城市社会经济系统将受到严重影响，如经济衰退、失业、社会贫困等
社会安全	食品危机，流行疫情、恐怖袭击	多表现为突发事件、社会影响大	对人身安全、公共健康等影响较大

目前，中国城市在处理这些“不确定程度高”、“可预知性较低”的变化和扰动时，往往显得十分被动。首先，随着快速城市化进程，滞后的配套设施建设，缺位的城市应急、应变系统和社会管治机制等，导致灾害过后屡屡发生城市功能瘫痪的事件，城市脆弱性非常明显。其次，由于不同区域条件的城市所面对的风险类型存在很大差异，“一刀切”的风险处理机制不能有效地消解危机。因此，研究中国城市在“不确定扰动”作用下的应对手段，增强城市韧性，已经成为刻不容缓的课题。过去数十年来，中国城市化快速发展导致城市建设中存在大量的历史欠

账。气候变化背景下，极端天气和气候事件频发，脆弱的城市防灾能力，导致风险叠加和放大效应。2012年的北京"7·21"特大暴雨，2013年夏季的上海持续酷热高温、10月的浙江余姚洪水，以及2014年秋冬季节蔓延全国大片城市地区的严重雾霾天气等，都带来了对城市的"气候灾害"影响，如果不及时予以重视，提升城市整体的灾害风险应对能力，未来还会有更多不可预知的灾难发生。

在美国气候变化中心(2012)发布的"Global Coast, Nations and Cities at Risk"研究中，全球20个受海平面上升影响严重的大城市有7个在中国(表1-3)。上海为中国受威胁最严重的城市，全球温度若上升4℃，上海将有2 240万人口受灾。

表1-3 中国受海平面上升威胁的城市

大城市	省份	温度上升后受海平面上升威胁的人口(百万人)	
		上升4℃	上升2℃
上海	/	22.4	11.6
天津	/	12.4	5.0
香港	/	10.1	6.8
台州	浙江	8.9	6.1
汕头	广东	7.4	3.0
南通	江苏	6.5	4.7
无锡	江苏	6.3	2.1

上海作为中国的特大型沿海城市，在全球气候变化下面临着严峻的海洋吞噬威胁。在线平台(choices. climatecentral. org)结合全球各区域当前的海平面、潮汐和高程数据，预测了不同变暖场景下全球各区域被淹没情况，并通过在线地图的形式进行展示。在温度上升4℃情景下，上海大部分地区将可能被海水吞噬，城市面临严重的生态环境危机(图1-8)。

《中国应对气候变化国家方案》(2007)指出，我国气候条件差、自然灾害较为严重、生态环境脆弱、能源结构以煤为主、人口众多、经济发展水平较低，极易受到全球气候变化带来的不利影响，并且这种影响在未来有扩大的趋势。因此，我国历来十分重视气候变化影响的评估工作(表1-4)。

2007年6月3日，国务院印发了由我国发展与改革委员会(国家发改委)会同有关部门制定的《中国应对气候变化国家方案》，明确了到2010年中国应对气候变化的具体目标、基本原则、重点领域及其政策措施，全面阐述了中国在2010年前应对气候变化的对策，这不仅是中国第一部应对气候变化的综合政策性文件，也是发展中国家在该领域的第一部国家方案。

2013年11月18日，由国家发改委、财政部、农业部等9部门历时两年多联合编制完成的《国家适应气候变化战略》正式对外发布，提出到2020年，我国气候变化适应能力显著增强，气候变化基础研究、观测预测和影响评估水平明显提升，极端天气气候事件的监测预警能力和防灾减灾能力得到加强。该战略在充分评估了气候变化

图 1－8　上海在全球温度上升 4℃和 2℃下被海水淹没区域模拟(后附彩图)

资料来源：Strauss et al.，2015.

表1-4 中国气候变化影响评估工作历程

时间	相关工作
1980年	与世界气候研究计划(WCRP)等四大计划建立相对应的中国委员会
1990年	在国务院环保委员会下设立国家气候变化协调小组
“八五”期间	在“国家攀登计划”和“国家重点基础研究部发展计划”中开展了一系列的与全球气候变化预测、影响及对策研究相关的重大项目
1994年	成立国家气候中心,2002年以后该机构全面开展了与气候变化相关的监测评估工作
1998年	设立国家气候变化对策协调小组,为各级政府的应对策略提供指导
2007年	成立国家应对气候变化领导小组,由国务院总理担任组长;发布《中国应对气候变化国家方案》
2008年	国家应对气候变化领导小组的组成成员扩展到20个,由国家发改委承担具体工作
2013年	发布《国家适应气候变化战略》,这是中国第一份国家层面的适应战略,表明国家对适应问题的重视进一步加强,并开始着力推进适应工作的顶层设计
2014年	发改委、住建部共同编制《中国城市适应气候变化行动方案》
2016年	发改委、住建部正式发布《中国城市适应气候变化行动方案》
目前	国内涉及气候变化研究的国家和部门重点开放实验室超过100个,相关数据库130多个

当前和未来对中国影响的基础上,明确了国家适应气候变化工作的指导思想和原则,提出了适应目标、重点任务、区域格局和保障措施,为统筹协调开展适应工作提供指导。这是我国第一部专门针对适应气候变化的战略规划,对提高国家适应气候变化综合能力意义重大。其特点为:正视气候变化的严峻挑战、确立了清晰的适应目标、提倡进一步加强国际合作等。

从2014年底中美两国签署气候变化联合声明,到2016年中国向联合国提交应对气候变化“国家自主贡献”文件,先后与印度、巴西、欧盟、美国、法国等国家和地区就气候变化发表联合声明。2015年12月的中央城市工作会议指出,要坚持集约发展,框定总量、限定容量、盘活存量、做优增量、提高质量,立足国情,尊重自然、顺应自然、保护自然,改善城市生态环境,在统筹上下功夫,在重点上求突破,着力提高城市发展持续性、宜居性。为加强城市适应气候变化,也为落实《国家适应气候变化战略》的具体安排,国家发改委、住房与城乡建设部(住建部)会同有关部门共同编制的《中国城市适应气候变化行动方案》于2016年2月正式发布,明确了我国城市适应气候变化相关工作的目标要求、主要行动、试点示范和保障措施。该方案指出,到2020年,我国普遍实现将适应气候变化相关指标纳入城乡规划体系、建设标准和产业发展规划,建设30个适应气候变化试点城市,绿色建筑推广比例达到50%。中国通过一系列郑重承诺,接连向世界传递出强有力的政治信号,表明其坚持走绿色、低碳、可持续发展道路的决心。

1.4 本研究的技术路线及研究方法

1.4.1 研究技术路线

气候变化与中国韧性城市发展对策研究的技术路线见图1-9。

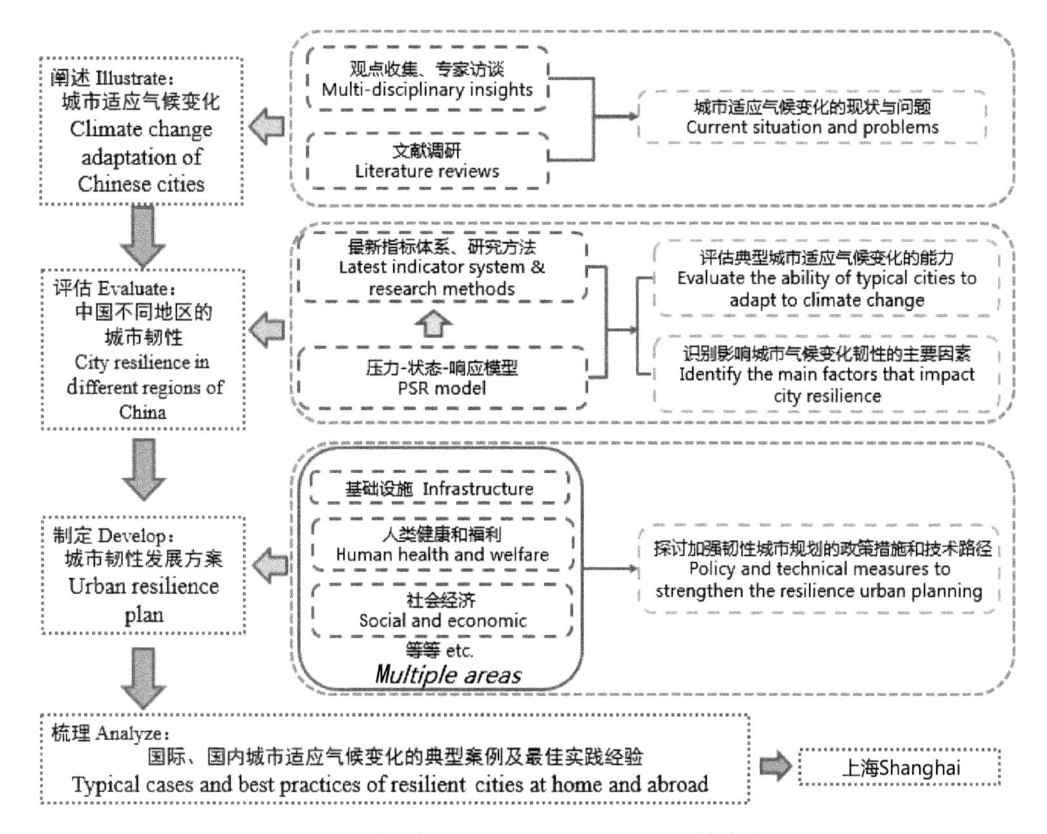

图 1-9 中国气候变化韧性城市发展研究技术路线

1.4.2 研究方法

(1) 文献翻译、查阅法

通过广泛的文献阅读和整理，了解现阶段国内外韧性城市的研究动态，获取相关的理论成果和结论，为课题的深入研究奠定基础。

(2) 比较分析法

对国内外不同气候条件下的韧性城市发展进行比较研究，辨识与发现国内城市在应对气候变化问题上的经验和不足，为气候变化下的中国韧性城市研究内容和工作方法奠定基础。

(3) 综合分析法

将韧性城市发展看成一个统一的整体，综合考虑气候变化影响的各个要素，通过综合研究各个要素的特征，经过总体的综合整理，进而形成对整个城市整体框架的认识。

(4) 系统归纳法

系统归纳过程包含系统分析与分类归纳的研究方法。即在现有文献及案例资料的基础上进行系统分析,归纳出若干判断、结论和规律方法,为韧性城市的发展研究和工作方法提供论据。

(5) 多种定性与定量分析方法相结合

通过定性分析与定量研究、宏观与微观结合、理论与实践结合,开展专家咨询、问卷调查、实地调研、政策仿真模拟等工作,辅以模型构建、相关分析、3S技术、实证与对比等方法,研究国际韧性城市发展模式,并对典型案例进行论证。

2. 城市适应气候变化的研究方法论

全球气候变化的适应性问题已成为近年来国际共同关注的焦点，其影响与适应研究也将是今后一个时期科学研究的重点。分析城市气候变化脆弱性，是估计气候变化影响、筛选有效适应性策略和方法的基础，国外的城市脆弱性分析评估主要基于全球变化和城镇化影响、GIS、综合指标体系等，注重城市社会经济脆弱性研究和相关利益者参与过程的脆弱性评价等方面。国内的脆弱性分析评估则主要针对生态脆弱性、水资源脆弱性和区域综合气候变化脆弱性等领域，评估方法主要包括模型评价法、指标评价法、对比研究法等，在实际案例研究中常将多种方法结合使用。

本章梳理并列举了国际上关于气候变化韧性城市评估指标体系的实践，认为目前世界范围内相关实践尚处于初级阶段，如联合国减灾署的“让城市更具韧性十大要素”、美国的RCI韧性能力指数等。本章基于PSR模型，从经济应对能力、公共服务水平、基础设施发展和环境保障四个方面，构建了“目标层—主题层—要素层—指标层”四层次的城市气候变化韧性评估框架，提出了城市气候变化韧性评估的参考指标体系，对典型城市应对气候变化的政策措施、规划措施的落实进行评价，对城市应对气候变化的适应能力、韧性水平进行评估，为国际间和地区间比较提供参考，为政府部门宏观管理和决策提供信息支持。

Research methodology of urban adaptation to climate change

The adaptation to the climate change in recent years has attracted extensive attention in the international society. The analyses of urban vulnerability to climate change are a basis of estimating the effects of climate change and screening effective adaptation strategies and methods. The evaluation of urban vulnerability evaluation abroad mainly focuses on the impact of global change and urbanization, GIS, as well as the comprehensive index system. Attention was paid to the analyses of urban social economic vulnerability and stakeholders' participation in the process of vulnerability evaluation. Domestic researches mainly focus on the fields of the vulnerability of eco-environment, water resources and regional comprehensive climate change. The methods, such as modeling index evaluation, and comparative study, are generally employed.

In this chapter, some international practices of urban resilience evaluation index system are presented, including "Ten Essentials of Making Cities More Resilient" proposed by UNISDR and "The Resilient Capability Index" developed by the University at Buffalo Regional Institute, the State University of New York. Based on the P-S-R (Pressure-Status-Response) model, we build an "aim-theme-element-index" four-level urban climate change resilience evaluation framework, proposes an urban climate change resilience assessment index system, evaluates the policies and practices of typical cities, and assesses the adaptive ability and resilient level of cities in the aspects of economic adaptive capacity, the quality of public services, the infrastructure development and environmental protection. This could provide references for international and regional comparison, as well as local policy making.

气候变化将引起一系列社会问题,甚至威胁到人类的生存与发展,因此,近年来随着全球变化研究战略的调整,全球变化的适应问题已被提升到可持续发展能力建设的高度,成为国际社会关注的焦点。

2.1 城市脆弱性评估体系与方法

脆弱性评估是对某一自然、人文系统自身的结构、功能进行探讨,预测和评价外部胁迫(自然的和人为的)对系统可能造成的影响,以及评估系统自身对外部胁迫的抵抗力以及从不利影响中恢复的能力,其目的是维护系统的可持续发展,减轻外部胁迫对系统的不利影响和为退化系统的综合整治提供决策依据(刘燕华等,2001)。脆弱性评估有利于科学家和决策者理解环境变化的影响,探索阻碍社会有效响应的潜在因素,了解脆弱人群分布、脆弱性表现以及脆弱性成因,并寻找降低脆弱性的方法,增强脆弱人群的适应能力。脆弱性研究的目的是通过适应性调整,评估缓和与削减气候变化负面影响、认识正面作用、降低气候变化对人类和生态系统产生风险的程度。分析城市气候变化脆弱性,就是判断适应性对系统产生的可能效果,估计气候变化影响、筛选有效的适应性策略和方法。

2.1.1 国外的脆弱性分析评估

20世纪80年代末90年代初,随着脆弱性概念的引入及对系统受全球气候变化影响认识的不断深入,IPCC、UNFCCC、UNEP等相关机构以及美国、欧盟、加拿大、孟加拉等国家和地区相继在国家和区域尺度上,开展了全球气候变化对农业、林业、水资源、生态环境、社会经济以及人体健康等方面的脆弱性评估，并结合未来经济及人口发展情景做出相应预测。目前，国外相关学者在全球变化与城镇化双重胁迫下的城市脆弱性分析研究主要集中在以下领域。

(1) 基于全球变化和城镇化影响下的脆弱性评估

20 世纪 90 年代初期，国外一些机构和学者逐渐开始全球变化的脆弱性研究，其基本等同于全球气候变化的潜在影响评估，主要通过不同气候变化情景下系统某些方面的负面影响和社会经济指标的损失量来表征脆弱性的大小，其中最有代表性的是“美国国家研究计划”(United States Country Studies Program, USCSP)(Smith et al., 1996)。AIR－CLIM 项目(Minnen et al., 2002)以及 Christensen 等(2004)对全球变化和城镇化影响下的脆弱性阈值及其参照基准进行了研究。此外，一些学者开始探索社会经济系统响应全球气候变化的脆弱性阈值，如 Antle 等(2004)采用农业生产的经济利润指标来评价美国北方大草原农业系统的脆弱性阈值。

(2) 基于 GIS 的脆弱性区划

GIS 已经成为当前城镇脆弱性空间评价中的核心工具。近年来，一些学者在不同空间尺度上应用 GIS 开展全球气候变化影响下的脆弱性研究。如 O' Brien 等(2004)辨识了受未来全球气候变化和城镇化双重影响的关键区域。

(3) 基于综合指标体系的城市脆弱性评估

目前，大约 1/3 的脆弱性研究关注脆弱性指标体系的构建和案例评价。如 SOPAC 的环境脆弱性指标体系(EVI)(Kaly et al., 1999)、欧洲环境保护署(EEA, 2005)在欧洲区域展开的气候变化脆弱性评价以及 Moss 等(2001)对全球 38 个国家城镇脆弱性的综合评价；Brooks 等(2005)对面向国家尺度的城镇脆弱性指标体系的构建和核心指标筛选的研究。

(4) 城市社会经济脆弱性研究

根据脆弱性的始点(starting-point)概念理论，脆弱性集中于削减任何气候灾害的内在社会经济脆弱性，强调适应政策和广义社会发展的需要(Adger, 2006)。该领域的脆弱性研究主要是分析构成系统脆弱性的社会和制度驱动因素，以及如何描述特定区域和人群的脆弱系统属性，注重对资源与财富支配和可达性、社会多样性、社会公平、公共参与等方面的研究(Eakin et al., 2006)。

(5) 注重相关利益者参与过程的脆弱性评价

当脆弱性发展到适应性政策评价阶段的时候，如果全球气候变化和城市化下的城市脆弱性是面向应对策略和政策制定来考虑的，则现实或潜在脆弱性群体在整个脆弱性评价过程中的参与是非常必要的(UNDP,2004)。如 Bales 等(2004)在评价研究中建立了高效的相关利益者参与机制。

2.1.2 国内的脆弱性研究

中国对全球气候变化和城镇化影响下的城市生态系统脆弱性与适应性的研究始于20世纪90年代,主要选取农业、森林、水资源等自然系统为研究对象开展气候变化影响的脆弱性评估,并初步划定了相应敏感区和脆弱区(孙芳等,2005;殷永元等,2004)。目前,国内脆弱性研究方法主要包括模型模拟、指标评价以及对比研究(於利等,2005)。

(1) 生态脆弱性研究

主要应用实地调查法、产量分析法、相似分析法、案例研究法、统计模型法和物理模型法以及指标综合评估等方法(孙芳等,2005;刘文泉,2002)。多名学者对全国和区域农业生产的脆弱性进行了研究;李克让等(1996)采用了多个方面的指标来衡量中国森林的现实脆弱性和未来脆弱性情况。

(2) 水资源脆弱性研究

水资源脆弱性评估是对水资源系统的综合性评估。唐国平等(2000)对水资源的供给和需求平衡、全球气候变化下水资源脆弱性综合评估的主要步骤进行了探讨。王国庆等(2005)较系统地总结了近10年我国淡水资源对全球气候变化的敏感性和水资源的脆弱性等方面的研究。

(3) 区域综合气候变化脆弱性研究

近年来,在一些国际基金和组织的支持下,国内的相关研究机构开始关注某个区域综合气候变化脆弱性的评价。如国际环境基金(GEF)AIACC 研究计划资助的气候变化对中国西部地区影响的脆弱性和适应性综合评价(AS25 项目)(殷永元,2004);在 WWF 资助下,徐明等(2009)对整个长江流域的气候变化脆弱性开展了评估。

2.1.3 城市气候变化脆弱性评估方法

脆弱性评估主要关注以下问题:研究对象面临的主要扰动是什么;脆弱性较高/低的单元具有什么典型特征;研究区域(内)的脆弱性时间、空间格局;决定脆弱性格局的因素;如何降低评价单元的脆弱性。目前,脆弱性评价的研究在自然灾害脆弱性、全球环境变化脆弱性、生态环境脆弱性等领域研究成果相对较多,一些定量或半定量的脆弱性评价方法已经被提出并得到应用,根据脆弱性评价的思路将脆弱性评价方法分为以下四类。

(1) 模型模拟法

采用模型进行模拟预测是当前最常用、也是发展最迅速的研究方法之一，特别是在定量评价研究中，模型的应用更是必不可少。该方法基于对脆弱性的理解，首先对脆弱性的各构成要素进行定量评价，然后从脆弱性构成要素之间的相互作用关系出发，建立脆弱性评价模型。其中，函数模型评价法在脆弱性评价的思路上与脆弱性内涵之间对应较强，能够体现脆弱性构成要素之间的相互作用关系，有利于解释脆弱性成因及特征，评价结果能够反映系统整体脆弱程度及脆弱性构成要素的情况。但目前关于脆弱性的概念、构成要素及其相互作用关系尚无统一的认识，并且脆弱性构成要素的定量表达较困难，使得该评价方法进展较为缓慢，但该方法在脆弱性评价研究中已越来越受到学者关注。

现有的气候变化影响研究大多数是针对各部门进行的气候变化影响评价，然后以不同的社会经济发展情景假设进行量化分析，从而得出气候变化对社会经济以及生态环境等的综合影响，其结果通常以经济指标来表示或是定性地加以说明(McCathy, et al., 2001)。此类气候评价模型有很多，如 IMAGE、MAIGCC、SimCLIM、PACCLIM 模型等。模型的应用为气候变化及其影响研究提供了有效的分析手段，使得定量地描述生态系统响应及环境变化成为可能，是定量评价气候变化影响的有力工具之一，近年来得到了迅速发展。但是在评价生态系统脆弱性情况时，难以确定生态系统承受气候变化的阈值(刘春蓁，1999)。

(2) 指标评价法

利用指示物种或系统对气候变化的响应或者以能够反应系统状况及其敏感性、适应能力等指标来衡量脆弱性，是目前脆弱性评价中较常用的一种方法。例如美国国际开发署(USAID)资助的早期饥荒预警系统(FEWS)研究、南太平洋应用地学委员会(SOPAC)确定的环境脆弱性指标(EVI)等。与脆弱性评价研究相类似的生态系统健康评价也多从系统的活力、组织结构和韧性等几个方面确定能够反应系统健康状况的特征指标并对其进行评价。

在众多的评价气候变化对生态系统脆弱性的影响研究中常见的指标有生产力、植被覆盖度、植被功能型、生物量、物种多样性、外来种入侵率等，此外还有脆弱性形成的成因指标以及结果表现指标等。从生态系统的现实状况和外在扰动下生态系统的行为反应考虑出发，常有以下几类：① 以生态系统受到压力而出现的非正常综合症状为指标，来诊断生态系统的状态；② 以生态系统受到干扰后产生的回归原有状态的趋势，来衡量生态系统的抗力和韧性；③ 以生态系统作为受体，评价外界胁迫因子对生态系统造成的生态风险。在评价的指标类型方面，常用的有以下几类：① 状况表征指标，是生态系统现状和趋势的指标，可用于评价生态系统数量、质量、受威胁的和灭绝的物种以及栖息地类型；② 压力表征指标，是温室气体驱动的气候变化因子；③ 利用通用指标，是生态系统利用价值的指标(包括产品财货和生态服务功能两个方面)；④ 响应表征指标，是生态系统受到气候变化因子后可能出现的“症状”指标。

到目前为止，对于采用哪些指标来衡量脆弱性还没有一个明确的标准。在今后的研究工作中对脆弱性评估指标体系的研究还需要做进一步深入探讨，力求能建立准确客观、可操作性强的评价指标体系。除了确定指标外，对不同指标权重的赋值也是研究工作中的关键，可以使用的方法包括专家打分法、层次分析法(AHP)、统计平均值法、主成分分析法、模糊方程法、灰色关联法等诸多方法，其中以专家打分法和层次分析法的使用更为常见。脆弱性形成原因及表现特征在空间上具有较强的区域差异性，在时间上具有动态变化性，因此建立跨区域、跨时段的脆弱性评价指标体系非常困难。

(3) 图层叠置法

近几年来，随着GIS技术的日益普及和完善，应用GIS技术评估自然和人文系统的脆弱性已呈上升趋势，图层叠置法就是基于GIS技术发展起来的一种脆弱性评价方法，根据其评价的思路可分为两种叠置方法：① 脆弱性构成要素图层间的叠置。这种方法比较适用于区域在极端灾害事件扰动背景下的脆弱性评价，能够反映区域灾害脆弱性的空间差异，还能反映区域受灾害影响的风险性、敏感性及应对能力的空间差异；但在扰动的类型和数量上存在局限性，当扰动的数量超过一个时(多种自然灾害)，会造成应对能力指标只能选取决定区域对不同灾害类型应对能力的共性指标，致使应对能力指标的选取上缺乏针对性，并且最终评价结果不能反映区域针对某种灾害的脆弱性程度。② 针对不同扰动的脆弱性图层间的叠置。该方法为多重扰动(自然的、经济的)背景下的脆弱性评价提供了研究思路，但没有考虑各种扰动的风险及其对系统整体脆弱性影响程度的差异，因此评价结果中很难反映出影响区域脆弱性的主要因素，对如何减少系统脆弱性的启示不大。

(4) 对比研究

对比研究也是脆弱性影响评价研究中常用的方法之一。这种方法的关键之处在于如何确定脆弱性评价的参照基准或气候变化的阈值。目前的研究通常是使用自行定义的基准点阈值作为评价标准并进行对比，如AIR-CLIM项目定义了“危急气候条件”作为气候变化阈值，即依据NPP(net primary productivity，植物净初级生产力)对气候变化的响应情况，将NPP划分成可接受和不可接受范围，采用不同气候因子组合输入模型计算NPP(主要为气温和降水)，若NPP的变化超出可以接受的范围，此时的气候条件即为危急气候条件。也有通过建立敏感性、适应能力与脆弱性的函数关系，假定不同的系统适应能力，来定量的评价生态系统的气候变化脆弱性的研究。此外还有根据生态系统关键成分的生理生态幅度计算其基础生态位，将其作为基准点，或者取系统特征量在目前地表各个区域的平均值为基准进行评价的。对比研究还可以历史资料或历史事件为参照，即在历史上寻求气候在时间或空间上的相似性作对比，这种方法也可获取很多有价值的信息。

在实际研究中，多种方法常被结合使用，尤其是在评价生物地理影响的时候，模型用来模拟生态系统对气候变化的响应情况，而指标评价则用来确定系统的脆弱程度。

2.2 气候变化韧性城市评估体系

城市作为最复杂的社会-经济-自然复合生态系统，自其形成以来便持续地遭受着来自外界和内部的各种冲击和扰动。这些扰动不仅包括地震、飓风等自然灾害以及恐怖袭击、疾病传播等人为灾难，也包括能源、资源短缺、气候变化、环境污染等因素造成的累积型冲击。面对这些冲击和扰动，不同的城市系统所做出的应对却相差甚远。有的城市在经历危机之后一蹶不振；有的城市则能够逐渐克服灾害带来的不利冲击，甚至以此为契机得到更长远的发展。导致不同结果的本质原因便是城市韧性的差异：韧性强的城市对不确定扰动的适应调整能力强；而韧性弱的城市反应能力滞后，适应性不足。

评价韧性城市的等级，或者科学地量化城市韧性，有助于有效地将理论转化到韧性城市的实际建设当中。一个全面的社区灾害韧性评估体系应该考虑到社区在不确定因素下的调整能力，这个能力并非仅仅通过灾后的应对来体现，而是应当全面并具体地结合不同社区的情况，将韧性的思想贯彻到城市日常运行的各个方面，例如增强社会互信程度，积极发挥组织机构作用，丰富民众维生条件，激发全社会能动性以及确保信息畅通等(Mayunga，2007)。

目前，世界范围内关于城市韧性的评价指标研究与实践有以下几个类型。

(1) 韧性城市指标体系

联合国减灾署在2012年的《如何使城市更具韧性：地方政府领导人手册》中确定了该指标体系，提出了“让城市更具韧性十大要素(ten essentials for making cities disaster resilient)”，主要包括制定减轻灾害风险预算、维护更新并向公众公开城市抗灾能力数据、维护应急基础设施、评估校舍和医疗场所的安全性能、确保学校和社区开设减轻灾害风险的教育培训等指标。纽曼(Newman，2012)基于该指标，与此对应提出了通向韧性城市的十项战略步骤。

(2) 韧性能力指数

为了应对未来挑战，测量区域的韧性，纽约州立大学布法罗分校区域研究所开发了韧性能力指数(resilience capacity index,RCI),共计 12 项指标,分为三个维度:① 区域经济属性,收入公平程度(income equality)、经济多元化程度(economic diversification)、区域生活成本可负担程度(regional affordability)、企业经营环境情况(business environment);② 社会—人口属性,居民教育程度(educational attainment)、有工作能力者比例(without disability)、脱贫程度(out of poverty)、健康保险普及率(health-insured);③ 社区联通性,公民社会发育程度(civic infrastructure)、大都会区稳定性(metropolitan stability)、住房拥有率(homeownership)、居民投票率(voter participation)。加州大学伯克利分校应用该指标体系,对美国 361 个城市的城区进行评估,识别出了不同韧性等级的城市(图 2-1)。

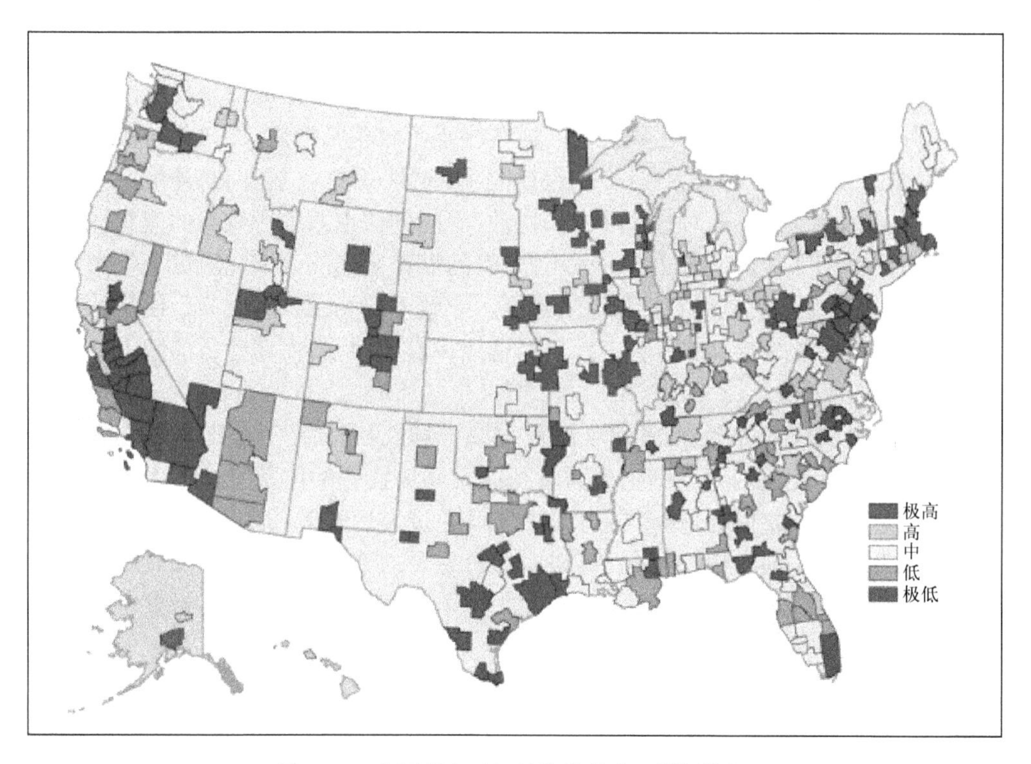

图 2-1 美国都市区韧性指数分布(后附彩图)

资料来源:http://www.buffalo.edu.

(3) 基于规划的韧性城市指标体系

由英国工程与自然研究理事会 EPSRC 资助的未来城市项目(Urban Futures Projects)由伯明翰大学、埃克赛特大学、兰卡斯特大学、伯明翰城市大学和考文垂大学参与,开发了“城市未来方法”(Urban Future Method),在一系列可能的未来情景下,测试目前提出或采取的城市可持续发展措施将会有何种表现,这种方法为深刻理解当今城市规划设计决策的未来潜在影响提供了支持。

(4) 应对气候变化韧性指标体系

该指标体系源于国际组织牵头的城市应对气候变化的韧性评价项目。作为亚洲城市应对气候变化韧性网络项目(Asian Cities Climate Change Resilience Network，ACCCRN)的重要组成部分，亚洲10个城市(参与的城市主要来自于印度、印度尼西亚、泰国和越南)于2012年发起了先锋型应对气候变化韧性指标(climate change resilience indicator)，应用该指标来帮助当地政府和非政府组织设计和实施对策以应对气候变化给城市带来的影响，该指标体系由美国社会和环境转型研究所(Social and Environmental Transition，ISET)来设计，基于定量和非定量因素的考虑，体系将包括近40项指标，该指标体系定位能够在亚洲和其他地区的城市政府之间具有可复制性，但目前尚未发布该指标体系。

在此之前，联合国开发署于2010年11月在阿拉伯启动了气候变化韧性能力建设行动计划(Arab Climate Resilience Initiative，ACRI)，但目前主要是从应对气候变化的要素角度(水资源短缺和干旱、荒漠化、海平面上升和海岸侵蚀、可持续能源供应)，不定期召开国际性研讨会，交流政策、技术方面的先进经验，尚未编制适合阿拉伯地区的韧性评价体系。

2.3 城市气候变化韧性评估框架

城市各系统相互关联、环环相扣，各种风险要素因基础设施的相互依赖，形成相互交织的灾害链(图2-2)。通过构建评估框架，可以一系列完整的指标体系作为连接理论和实际操作的桥梁，将全球气候变化影响与生态城市和谐发展的思想结合起来，具体落实到细化、量化的指标上。通过建立指标体系，构建评估信息系统，对典型城市应对气候变化的政策措施、城市规划的落实进行评价；跟踪全球气候变化的趋势，评估典型城市应对气候变化的适应能力、韧性水平，为政府部门制定应对气候变化的城市总体发展战略、调整产业结构等相关的宏观管理和决策提供信息支持。建立指标体系，有利于进行国际间和地区间的比较，尤其是有助于借鉴国际上同类型城市的先进思想和理念，帮助我国城市更好地发挥优势，在全球气候变化的背景下发展成为健康安全的生态城市。

2.3.1 指标体系构建方法

本研究基于PSR(pressure-state-response，压力—状态—响应)模型，采用“目标层—主题层—要素层—指标层”四层次结构，构建城市气候变化韧性评估指标体系框架(图2-3)。

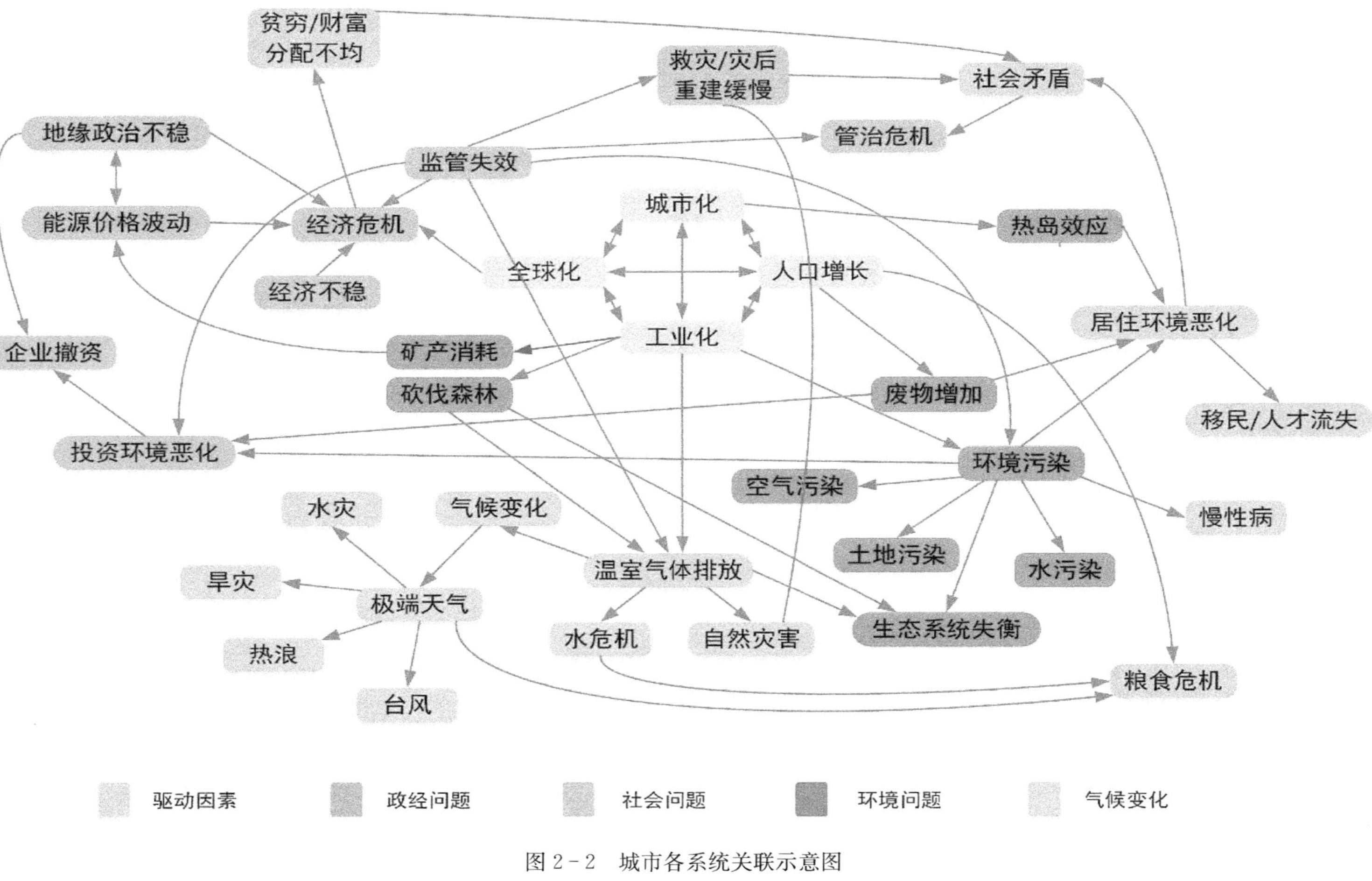

图 2-2 城市各系统关联示意图

资料来源：张振国等，2015.

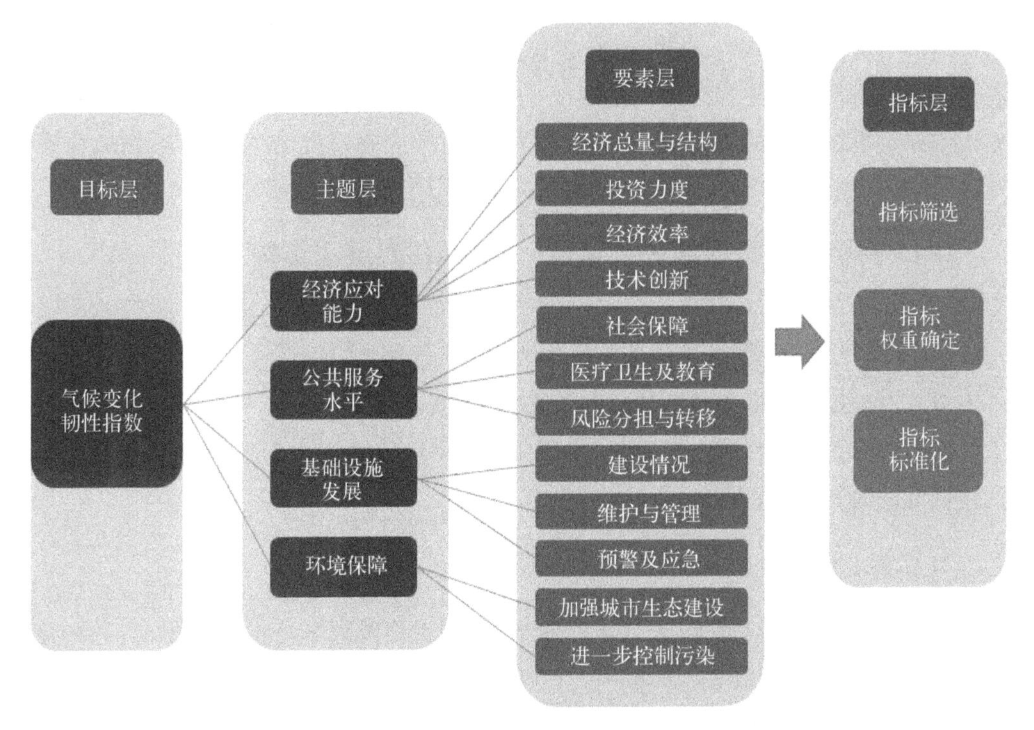

图 2-3　典型城市气候变化韧性评估框架

(1) PSR 模型

为了评价世界环境状况，世界经济合作与发展组织(Organization for Economic Cooperation and Development，OECD)提出并建立了 PSR 模型，20 世纪 70 年代对该模型进行了修改并用于环境报告，在进行环境指标研究时对模型进行了适用性和有效性评价。20 世纪 80～90 年代，OECD 和联合国环境规划署(UNEP)共同将其发展成一种框架体系并用于研究环境问题(OECD，2001)。PSR 模型在选取指标时使用了压力—状态—响应这一逻辑思维方式，目的是回答发生了什么、为什么发生以及人类如何做这样三个问题(仝川，2000)，体现了人类与环境之间的相互作用关系及其间的因果关系，即人类的社会经济活动和人口增长等对环境造成了一定的压力，生态环境状态因而发生变化，导致人类对此作出响应或反应，构成人类与环境之间的循环关系。

PSR 模型发展至今，国内外也出现了许多针对它的改进模型，如 SPR 模型(state-pressure-response，状态—压力—响应模型)、DSR 模型(driving force-state-response，驱动力—状态—响应模型)、PSRP 模型(pressure-state-response-potential framework，压力—状态—响应—潜力模型)、DPSR 模型(driving force-pressure-state-response，驱动力—压力—状态—响应模型)、DPSIR 模型(driving force-pressure-state-impact-response，驱动力—压力—状态—影响—响应模型)、

DPSRC 模型(driving force-pressure-state-response-control,驱动力—压力—状态—响应—控制模型)等。PSR 模型及其改进模型自提出以来得到了广泛的应用,主要用于环境指标组织和环境现状评价,土地质量、农业可持续发展、环境保护投资分析等评价指标体系的构建,不同领域和区域、不同生态系统的生态安全评估,生态系统受到压力的来源识别等方面,但目前尚未应用于城市韧性的评估。

(2)“目标层—主题层—要素层—指标层”四层次结构

1)目标层

目标层为城市气候变化韧性指数,以综合指数来表征城市在气候变化背景下的综合韧性,并可通过时间序列的综合指数计算,来辨识和评价影响城市化区域气候变化韧性的薄弱环节。

2)主题层与要素层

主题层由经济应对能力、公共服务水平、基础设施发展和环境保障组成,其涵盖了城市在应对气候变化的主要措施。

a. 构成经济韧性的要素

IPCC 特别报告(2011)指出,发达国家通常比发展中国家在财政上、体制上具备更好的条件,能够采取明确的措施,以有效地应对和适应预估的暴露度、脆弱性和极端气候变化。因此城市的经济发展水平及其在气候变化减缓或适应措施上的投资都将对城市韧性能力产生影响。《气候变化国家评估报告》中指出,气候变化将对中国的农业生产产生重大影响,中国种植业生产能力在总体上可能会下降。同时由于气候变暖以及极端气候事件的增多,将加剧水资源及能源的供需矛盾。考虑到上述影响,实施技术创新,提高单位资源的利用效率(即经济效率)成为应对气候变化的重要手段。

基于上述研究,应对气候变化的经济韧性主要从经济总量与结构、投资力度、经济效率和技术创新四个方面进行衡量。

b. 构成公共服务水平的要素

IPCC(2011)对气候变化下人群的脆弱性以及风险分担和转移机制对应对气候变化能力的提升进行了相应的论述。考虑到由于年龄、身体素质等因素,老年人、儿童以及患有某些疾病的人员面临更高的风险,在气候变化引发的极端灾害事件中更为脆弱。完善社会保障、提高医疗卫生水平、增加社会福利能够有效地降低城市的脆弱性。而通过非正式和传统的风险分担机制、小额保险、保险、再保险等,可以为救援、重建提供融资手段,从而降低城市的风险性。

建议从社会保障、医疗卫生及教育、风险分担与转移三个角度切入分析城市气候变化韧性的公共服务建设水平。

c. 构成基础设施发展的要素

联合国人类住区规划署 2011 年发布的《城市与气候变化：政策方向——全球人类住区报告》指出，城市在气候变化适应方面的巨大缺口，其中很大一部分是基础设施和制度上的欠缺。对灾害事件的防御、响应和恢复是城市应对气候变化的重要手段。通过对基础设施的完善与改进、维护与管理措施的跟进与配套、预警及应急恢复水平的提高，使城市在面对气候变化以及极端灾害事件时能够提前、更好地应对，同时加快灾后的恢复速度，从而降低损失水平。

从建设情况、维护与管理、预警及应急三方面对城市基础设施的发展水平进行评估。

d. 构成环境保障的要素

IPCC 指出，在过去的 50 年中，大部分地区的强降雨时间发生频率可能有所上升，全球平均海平面以每年 1.8 mm 的平均速率上升。强降雨引发的洪水可能会对地表水和地下水的水质造成影响，而海平面的上升将对海岸带的生态环境造成巨大的损失。因此加强城市的生态建设，开展海绵城市建设，进一步控制污染成为主要的环境保障措施。

2.3.2 指标筛选

开展我国韧性城市的评估，将会使我国韧性城市理论的发展更有依据，可推进我国城市韧性的提升。指标筛选秉承科学性、代表性、可获得性等原则，参考《国家生态文明建设试点示范区指标(试行)》、《生态县、生态市、生态省建设指标》、《宜居城市科学评价标准》、联合国可持续发展指标体系、LEED 认证评估体系、RCI (Resilience Capacity Index)指标体系等，以及低碳城市、智慧城市、生态城市已有研究，根据经济应对能力、公共服务水平、基础设施发展和环境保障等方面要素的研究，基于中国城市特点及韧性城市建设现状，以 PSR 模式及核心与拓展指标模式为基本框架，同时结合理论分析法、频度统计法和专家咨询法等，建立起评估气候变化韧性城市并指导其建设方向的指标体系框架。该框架内所含指标划分入经济应对能力、公共服务水平、基础设施发展和环境保障等四个主题层中。其中，根据城市的特点，选取特色指标，以全面评价其韧性(表 2-1)。指标体系构建原则如下。

① 科学性：指标体系必须建立在科学的基础上，应符合我国城市发展中长期需要、能充分反映中国气候变化韧性城市建设的内在机制，指标的意义明确，测算统计方法科学规范，保证评估结果的真实性与客观性。

② 代表性：选用的指标应能反映中国气候变化韧性城市的主要状态与特征，同时，定量指标与定性指标相结合；针对我国大中型城市开展规模化评估，以掌握我国

表 2－1　城市气候变化韧性评估参考指标体系

目标层	主题层	要素层	指标层	单位	指标类别	指标说明
城市气候变化韧性指数	经济应对能力	经济总量与结构	人均 GDP	万元/人	压力	用来反映经济状况，一般经济水平越高，应对气候变化的能力越强
			第三产业比重	%	压力、响应	城市发展的经济结构指标，经济结构的调整是城市应对气候变化的重要适应措施
			高新技术产业占比	%	响应	
		投资力度	交通运输及市政建设投入占比	%	响应	反映提升城市设施水平，提高应对能力的指标
			环保投入占 GDP 比重	%	响应	用来反映对环境的治理能力
		经济效率	单位面积农田粮食产量	t/hm^2	压力、状态	通过提升农作物种植的效率和产出抵消气候变化可能带来的农作物减产问题，保障粮食供给
			人均日居民生活用水量（负向指标）	L/天	压力	通过节水措施的应用和居民、企业意识的提高，降低用水量，提高利用效率，应对气候变化可能带来的水资源危机
			单位用水量工业产值	万元/m^3	压力、响应	
			单位能耗工业产值	万元/吨标准煤	压力、响应	通过改进生产技术，提高企业意识，节约能源，应对气候变化引发的能源用量增加问题
		技术创新	R&D 投入占 GDP 比重	%	响应	通过科学技术的创新，新技术的不断推广应用，提升城市应对气候变化的能力
			已推广应用科技成果占比	%	响应	
	公共服务水平	社会保障	城镇居民生活保障最低标准	元	压力	反映城市整体生活水平的提高，一般生活水平越高，应对气候变化的能力越高
			养老床位占 60 周岁及以上老年人比例	%	压力	老年人为脆弱人群，通过改善老年人的生活水平和社会保障水平，降低城市的暴露度和脆弱性
			获得政府补贴的老年人数	万人	压力、响应	
		医疗卫生及教育	医疗机构密度	个/km^2	压力、响应	从医疗机构数量的角度，反映城市应对气候变化的医疗水平
			普通高等学校录取率	人/万人	响应	反映公众应对气候变化的能力，一般文化程度越高，应对能力或提升应对能力的潜力越强

续 表

目标层	主题层	要素层	指标层	单位	指标类别	指标说明
城市气候变化韧性指数	公共服务水平	风险分担与转移	保险保费收入	亿元	响应	反映公众运用风险转移措施应对气候变化引发灾害意识的提高
			保险赔付支出	亿元	响应	反映保险公司的赔偿力度，赔偿力度越大，公众的损失相对越小
	基础设施发展	建设情况	公路工程合格率	%	状态、响应	反映市政公路工程质量安全的程度，工程质量安全度越高，其抵御极端气候的能力就越强
			海上航标正常率（河口海岸城市）	%	状态、响应	恶劣的气候和环境条件会引起浮标位移、漂移丢失或被撞沉、航标灯损坏等，维护航标的正常运行是维持航海安全的必要保证
			防洪堤长度	km	状态、响应	反映城市应对气候变化引发的洪涝灾害的能力
			城市排水管道长度	km	状态、响应	反映城市应对气候变化引发的洪涝灾害的能力
		维护与管理	江堤、海堤检修（河口海岸城市）	—	状态、响应	及时对江堤海塘受损部分进行检修维护才能保障其正常的抵御能力
			养护疏通排水管道长度	km	状态、响应	管道等基础设施的及时疏通和维护可以保障其正常的排水能力，在洪涝灾害时可以更好地发挥作用
			清捞检查井数量	座	状态、响应	
		预警及应急	气象灾害预警时效	h	响应	反映预警能力的提高，为城市的及时响应提供充裕时间
			单位面积消防站数量	座/km^2	状态、响应	反映城市安全保障能力和应急管理能力，在灾害发生后，尽可能地将损失降低到最小
			海事搜救成功率	%	响应	
	环境保障	生态建设	人均绿地面积	km^2/人	状态	用来反映从生态功能调节来应对气候变化的能力
			自然保护区覆盖率	%	状态	用来反映应对气候变化对生物多样性影响的能力
			沿海防护林面积	hm^2	状态	用来反映河口海岸城市应对与缓冲海平面上升影响的能力
		污染控制	工业废水排放达标率	%	压力、响应	用来反映通过污染排放控制来应对气候变化对水资源影响的能力
			生活污水处理率	%	压力、响应	用来反映通过污染排放控制来应对气候变化对水资源影响的能力
			固废无害化处理率	%	压力、响应	用来反映通过污染排放控制来应对气候变化对固废环境影响的能力

城市韧性水平的总体空间格局，识别脆弱性极高的城市，从而引起政府、学术界、公众和行业等相关组织的广泛关注，使其认识到城市韧性强化的重要性。

③ 层次性：根据不同的评价需要和详尽程度对指标和标准分层分级；能够对现状及现有规划进行韧性评估；对韧性建设的方法、技术指南和费用效益进行匡算，有效支撑韧性城市的能力建设；对不同空间尺度的韧性进行评估（区域、城市、城区甚至街区），提高城市空间格局高分辨率的脆弱性识别。

④ 阶段性与建设性：充分考虑城市发展的阶段性；评估指标有利于提出韧性城市建设的宏观建议，从战略层面提高能力水平，推动城市韧性规划和实施。

⑤ 可操作性与可比性：考虑数据的可获得性，建立的指标体系简明清晰，容易操作并易于理解；指标尽可能采用国际上通用的名称、概念与计算方法，有利于和国内外相似城市或地区的比较以及评价体系的推广。

⑥ 动态性：气候变化韧性城市的建设是一个长期和动态的过程，所建立的指标体系应该能反映这一过程，指标体系应具有一定的灵活性，为将来增加或改变某些单项指标提供“接口”。

2.3.3 指标权重确定及指标标准化

(1) 指标权重确定

采用公众参与、专家咨询法与熵值法、主成分分析等方法，在气候变化适应能力评估指标体系递阶层次框架的基础上，利用专家对各级指标的两两比较结果建立判断矩阵，并对不同专家判断结果赋予不同权重，从而确定各级评价指标的权重。最终确定典型城市气候变化韧性评估指标体系的权重。

具体来说，将指标制作成调查表，问卷采用五级重要程度分级方式（非常重要、重要、一般、不重要、重要性极低），供受访者选择。公众参与采取网络调查和现场调查相结合的方式研究指标选择中的公众意愿，同时设置开放式问题，分别考察在韧性城市建设过程中居民最关注或对居民影响最大的问题。专家咨询以问卷形式向多学科专家征求意见，分析多学科专家对韧性城市评估指标体系的重要性评判。在专家咨询时，采用指标重要性排序的方式获取指标权重的相关数据，从而通过判断矩阵确定指标权重。在开放式问题中受到关注度较高但不在调查表设置指标范围内的问题则添加到评价指标体系中。

(2) 指标标准化

由于各指标的量纲不同，因此为了提高各指标以及各时间段的可比性，需要对原始指标进行归一化处理，得出全部的评价指标标准化处理数据，以此进行定量化评价。具体的计算过程如下。

1）原始数据的标准化处理

由于原始数据量纲不同，为了便于比较分析，将各指标的实际观测值转化为无量纲的标准，得到各数据的标准值。

对于正向指标，即在一定范围内，指标数值越大越好，要采用无量纲化处理主要解决数据得可比性，具体计算公式如下：

$$D_i = \frac{X_i - X_{min}}{X_{max} - X_{min}} \tag{2-1}$$

式中，D_i 为指标 i 的标准分值；X_i 为某一年的指标值；X_{max} 为最大值；X_{min} 为全部 i 指标的最小值。

对于逆向指标，即在一定范围内，指标数值越小越好，对于负值指标要做同趋化处理，采用赋负值法。在此基础上再进行量纲化处理。公式为

$$D_i = \frac{X_{max} - X_i}{X_{max} - X_{min}} \tag{2-2}$$

2）各级指数计算

要素层的指标为评价指标的算术平均（若某个要素层指标由多个评价指标构成），主题层、领域层和目标层指数通过加权综合的计算方法得到，具体计算公式如下：

$$A_i = \sum_{m=1}^{m} B_i \times W_i \tag{2-3}$$

式中，A_i 表示主题层、领域层和目标层指数值；B_i 表示各级指数的下一级指数值；W_i 表示相对于 B_i 的权重；m 为 B_i 级指数的数量。

3. 国内外韧性城市发展经验借鉴

气候变化将增加灾害风险发生的不确定性，许多极端事件超出了人类知识和经验的范畴，因此，对国内外韧性城市建设的典型案例进行研究十分必要。本章选取美国纽约和波士顿、英国伦敦、荷兰鹿特丹等典型的特大型港口、海岸城市为国际案例，分析发达国家城市应对气候风险的韧性城市发展经验。

在我国韧性城市建设中，成都为全球防灾减灾样本，深圳为我国城市规划建设先进思想的先行者，德阳和黄石为“全球100韧性城市”项目入围城市，合肥为基础设施韧性提升规划的实践者，宁波与绵阳等则是城市韧性规划中的探索者，这些城市的探索与实践也为我国韧性城市的建设提供了丰富的经验与启示。

借鉴国内外发展经验，我国韧性城市发展途径应包括：① 加强风险危机和公共安全预警监控系统建设，积极开展城市公共安全规划与评估工作；② 调整产业结构，提高面对风险与危机的抵御和恢复能力；③ 加强城市基础设施的完备度建设，减少冗余度；④ 强化信息沟通机制建设，促进政府、媒体、社会民众在危机管理中的良性互动。

Experiences of resilient city development both at home and abroad

Climate changes will increase the uncertainty of disasters and extreme events, many of which have exceeded the scope of human cognition and experience. Therefore, the study of the typical cases in the construction of the resilient cities is of great necessity. In this chapter, extra large ports and coastal cities such as New York and Boston (US), London (UK) and Rotterdam (NL) are selected as international cases. The study aims to analyze the experiences of improving urban resilience to climate change.

In China, the practices of building resilient cities include: 1) Chengdu in Sichuan Province as the good example for disaster prevention and mitigation; 2) Shenzhen in Guangdong Province as the pioneer of new ideas and actions in urban planning and construction; 3) Deyang in Sichuan Province and Huangshi in Hubei Province as members of "Global 100 Resilient Cities"; 4) Hefei in Anhui Province as the practitioner of infrastructure improvement planning; and 5) Ningbo in Zhejiang Province and Mianyang in Sichuan Province as the explorers in the planning of resilient cities. The exploration and practices of these cities also provided various experiences and enlightenment for urban construction in China.

According to the experiences both at home and abroad, the ways to advance urban resilience in China should include: 1) building the risk and public safety system of early warning and monitoring, 2) adjusting structure of the industries, 3) improving the completeness of urban infrastructure and meanwhile decrease the redundancy, 4) enhancing the information communication between the government and the public.

3.1 国际韧性城市典型案例与经验借鉴

2012年5月联合国气候变化专门委员会(IPCC)发布了《管理极端事件及灾害风险,推进适应气候变化》特别报告,提醒国际社会气候变化将增加灾害风险发生的不确定性,未来全球极端天气和气候事件及其影响将持续增多增强。这一警示绝非空穴来风,气候变化背景下,许多极端事件超出了人类知识和经验的范畴,即使是拥有完备的防灾减灾和应急管理能力的发达国家,也难免应对失措。在台风、洪涝等极端气候事件的打击下,美国、英国、荷兰等国家的城市决策者意识到应对气候灾害风险的重要性,先后制定了城市防灾计划或适应计划,其中的经验和教训值得中国借鉴。

3.1.1 美国——飓风横扫后的反思

2012年11月,特大风暴"桑迪"横扫美国东海岸1 000英里* 范围内的地区,位于哈德逊河口、拥有820万人口的纽约是其中的重灾区,导致43人死亡、190亿美元的经济财产损失(图3-1)。

2005年夏天"卡特里娜"飓风对新奥尔良和2012年"桑迪"对纽约的横扫使美国人应对灾难的态度不再是习以为常的"头痛医头、脚痛医脚",而是着眼于整个受灾区域今后抵御灾害的综合而统筹的新途径。

(1)《纽约适应计划》

1)主体内容

《纽约适应计划》包括了六大部分,分别是:桑迪飓风及其影响、气候分析 、城市

* 1英里=1.609 344千米。

图 3-1 美国联邦应急署1983年发布的百年一遇洪水范围与“桑迪”飓风淹没区域的比较

资料来源：郑艳，2013.

基础设施及人居环境、社区重建及韧性规划、资金和实施。其中城市基础设施及人居环境中又包括海岸带防护、建筑、经济恢复（保险、公用设施、健康等）、社区防灾及预警（通讯、交通、公园）和环境保护及修复（供水及废水处理等）。

2）主要理念

纽约适应计划是以建设韧性城市为理念，以提高城市抗击未来气候灾害风险的应对能力为目标，以提升城市未来竞争力为核心，以基础设施和城市重建为切入点，以大规模资金投入为保障，全面构建城市气候防护体系。

3）经验总结

① 高瞻远瞩的战略视野。《纽约适应计划》采用了IPCC第五次科学评估报告的气候模式，对于纽约市2050年之前的气候风险及其潜在损失进行了评估。指出，如果未来发生与“桑迪”同等规模的飓风，经济损失将高达900亿美元，为目前经济损失的5倍，海平面上升及飓风导致的洪水淹没人口数字则是传统评估结果的2倍。

② 详尽全面的行动指南。针对未来可能影响纽约安全的几个主要风险，包括海平面上升、飓风、洪水、高温热浪，详细列举了250条适应气候变化的战略行动计划，

明确了各个重点领域、优先工作等，体现出纽约计划坚实的可操作性。

③ 强大的资金支持。纽约计划设计了总额高达129亿美元的投资项目。其中，80%的资金用于受灾社区重建，包括修复住宅和道路，提升医疗、电力、地铁、航运、饮水系统等城市公共基础设施；20%的资金将用于研究改进和新建防洪堤，恢复沼泽和沙丘及其他沿海防洪设施。

④ 关注民生的城市更新。纽约适应计划90%以上的投资将流向城市基础设施和灾害重建项目，预计未来数十年可避免上千亿美元的损失。巨大投资将推动旧城更新改造，尤其是边缘群体居住的老旧社区，通过基础设施建设，既可以消除灾害隐患，还可以创造就业计划、减小城市社会阶层的分化，增强城市凝聚力。

(2)"为重建而设计"

2013年12月7日，美国总统奥巴马部署成立飓风"桑迪"灾后重建特别行动小组，并举行名为"为重建而设计"(Rebuilding by Design)的国际设计竞赛。竞赛的目的是让科学家和设计师与受飓风"桑迪"影响的区域范围内的普通百姓、商人、政府官员和土地所有者进行广泛接触与交流，并针对这些地区基础设施和环境方面出现的问题，找出解决办法，从而使这些区域在环境和经济两个层面上能够更好地应对未来极端气候的挑战。经过两轮筛选，最终有6组方案从总共148个参赛作品中脱颖而出，并获得了联邦政府总额为9.2亿美元的项目实施经费。

1) 注重生物多样性——生命防波堤

生物多样性与社会、文化以及经济的多样性一样是城市增强自身弹性的重要和有效的手段。然而长期以来生物多样性在城市规划设计中的重要性一直被忽视。由纽约景观公司完成的"生命防波堤"(Living Breakwaters)项目(图3-2)在这方面的尝试，为生物多样性在城市防灾减灾中的运用提供了借鉴。

"生命防波堤"并没有采用传统高筑坝的做法，而是采取了对水包容与水为友的方法。从生态弹性方面来说，由一系列低堰组成的防波堤，虽然不能完全阻挡海浪，但却可以减少海浪的高度，从而延缓水的流速、降低海浪对海岸的冲击。"礁石大街"(reef street)形成一个微型的生物多样性的生境，为牡蛎、鳍鱼、龙虾和贝类等海洋生物提供了栖息地。从社会弹性来说，由多个防波堤组成的分层的防御体系，不仅避免了单层防御体系中的隐患，而且重建了社区与水之间的联系，诸如户外课堂、皮划艇。湿地研究工作站和鸟类观测站、聚会场所和餐馆、自然观测站等水上活动项目都可以在防波堤和海岸之间流速缓慢、相对平静的水面上展开(图3-3)。

图 3-2 “生命防波堤”生物多样性生境(后附彩图)

资料来源:http://www.rebuildbydesign.org/project/scape-landscape-architecture-final-proposal/

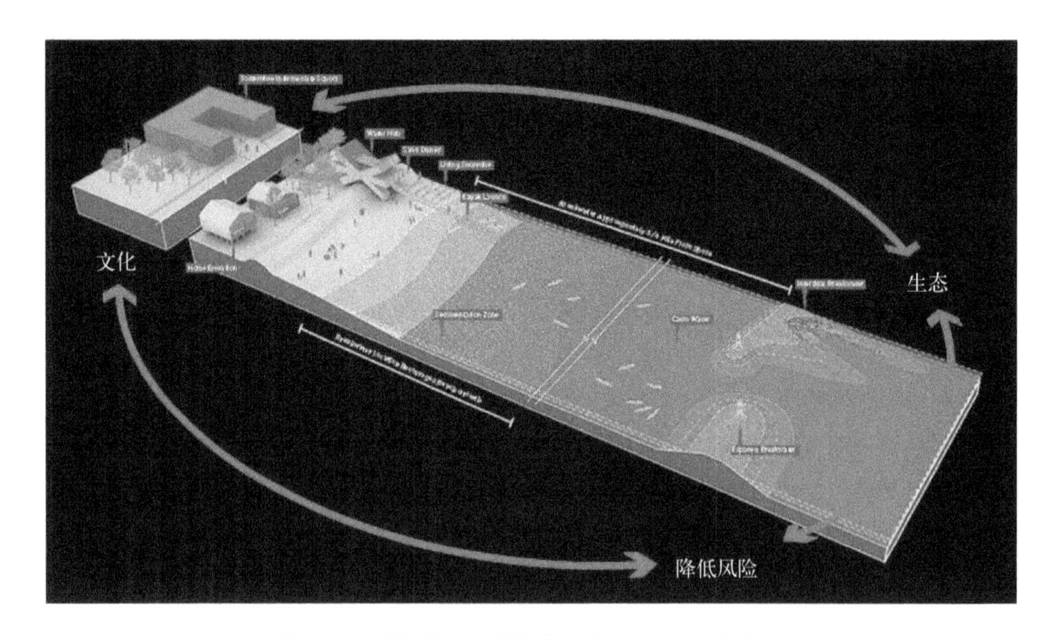

图 3-3 弹性基础设施综合生态、社会和经济功能

资料来源:http://www.rebuildbydesign.org/project/scape-landscape-architecture-final-proposal/

2) 注重多功能板块和非中心性——Big U Design

曼哈顿最南端的 Battery 公园由于地势较低,公园东侧和西侧成为海潮的突破口,洪水由此涌入,直接导致地处下城区的华尔街——这个美国和世界金融中心的

瘫痪。

丹麦新锐建筑事务所针对曼哈顿岛下城低洼地带不同社区设计的“Big U”U形防洪系统提案，将市政的“灰色基础设施”与生态的“绿色基础设施”协同整合和统筹建设，形成一种更有效、更经济多功能的优化状态。

具体设计如下：

① 人工坡地改造。改造后的人工坡地将从现有的 Battery 公园内蜿蜒穿过，坡地上布置了高低错落的城市农田、特色花园、日光浴和户外用餐等独具特色的景观空间(图 3－4)。

图 3－4　改造后的人工坡地

资料来源：http：//www.rebuildbydesign.org/project/big-team-final-proposal/

② 原海岸警卫队大楼的改造。建筑表面类似一道防洪堤，而内部则是海事博物馆和环境教育中心，临水一面的玻璃墙上还被标注上了多条洪水水位线，游人在参观之余可以亲眼目睹海平面和洪水水位高低起伏的变化，从而增加人们对气候变化洪水的感性认识(图 3－5)。

③ 多个备用、非中心元素组成的模块化的系统防御体系。绵延 10 英里的“Big U”防洪系统内每一个模块都有各自的保护区，即使其中某一单元出问题，也不会影响全局。这些灵活多变的功能模块(compartments)体系，不仅可以屏蔽雨洪，同时还是一个兼顾社会功能的公共领地，并能与正在建设中的城市滨水区域的开发重建融为一体(图 3－6)。

图 3-5 改造后的海岸警卫大楼内洪水水位线显示

资料来源：http：//www.rebuildbydesign.org/project/big-team-final-proposal/

图 3-6 多功能板块的"BIG U"防洪系统

资料来源：http：//www.rebuildbydesign.org/project/big-team-final-proposal/

3.1.2 英国——提前防范的忧患意识

英国在全球气候变化政策立法领域一直积极扮演着先行者和领导者的角色。由于成立了专门的“气候变化和能源部”，地方适应行动与国家适应战略得以密切衔接、反哺互动。早在2001年，伦敦市就建立了由政府、企业、媒体广泛参与的“伦敦气候变化伙伴关系”，任命专职官员负责制定伦敦适应计划。2002年制订了“英国气候影响计划(UKCIP)”以推动适应气候变化研究，拥有哈德利气候预测和研究中心、Tyndall(丁铎尔)研究中心等全球领先的气候变化模型、影响评估和政策研究团队，注重研究支持和经验积累，以推动扎实长效的行动设计。

(1) UKCIP主要内容

在UKCIP中指出伦敦市遭受洪水、干旱和热浪的风险较高，这些气候事件对伦敦的健康、环境、经济和基础设施等跨领域问题都会带来影响。因此，该计划提出了34条应对这些气候事件和相关问题的行动措施。主要行动措施如表3-1。

表3-1 UKCIP主要行动措施

主要自然灾害	主要行动措施
洪水	1) 提高对伦敦洪水风险和气候变化如何改变这些风险的认识，并提高管理洪水风险的能力 2) 降低最重资产和脆弱社区的洪水风险，尽最大努力保护伦敦最脆弱的资产 3) 提高公众对洪水的意识和个人应对洪水及恢复的能力，提高伦敦抵御洪水事件的弹性
干旱	1) 用战略的眼光处理伦敦的水资源问题 2) 减少伦敦用水的需求量 3) 改善应对干旱的应对措施
热浪	1) 确定伦敦应对热浪敏感区和脆弱区 2) 通过增加城市绿地和植被的数量来应对伦敦温度的上升 3) 减少过热天气的风险，降低在新的和现有的基础设施中对机械制冷的需求 4) 确保伦敦有一个强大的应对热浪计划

(2) 经验总结

① 提高居民应急适应力。伦敦市力主协调业主和其他利益相关者，确保和维护伦敦居民的安全和治安环境，提高公众对于自然灾害的安全意识，使其在火灾、洪水、暴力和其他危害等紧急情况下具有恢复能力。

② 可持续的城市基础建设。注重四方面：城市绿化、洪水风险管理、可持续的排水系统、水的利用和供应。

(a) 城市绿化：实现多功能绿色基础设施网络。中央活动区进一步增加绿色基础设施，各行政分区合理布局绿化区域，减轻城市热岛等气候变化的影响。

(b) 洪水风险的管理：通过区域洪水风险评估，详细调查洪水风险。遵循洪水风险评估中的规划土地利用、安全疏散或建筑安全保留的发展策略。

(c) 可持续的排水系统：发展利用可持续的城市排水系统，尽可能提高利用绿地运送地表径流的比率，以及确保对地表径流的处理接近其来源。

(d) 水的利用和供应：区域内部以及伦敦市政府与邻近地区管理机构之间建立合作伙伴关系，以可持续的方式保护水资源、节约供水，确保满足伦敦的水资源需求。

3.1.3 荷兰——港口城市的探索

作为一个四分之一的国土面积位于海平面以下的国家，荷兰数百年来一直在与不断升高的海水争夺生存空间。有“水城”之称的荷兰第二大城市鹿特丹，其城市韧性的建设无处不在，大到数百米高的防水堤坝，小到屋顶上的一株绿植；远到未来的浮动房屋，近到已改造完成的水城广场。鹿特丹正逐步从“防水治水”发展到谋求“与水共生”之道，《鹿特丹气候适应战略》(Rotterdam's Adaptation Strategy, 2008)应运而生。

表 3-2 鹿特丹气候适应战略概况

战略目标	1) 城市和港口具有抵御洪水的能力 2) 城市及其居民将尽可能小的受到干旱或暴雨的影响 3) 居民了解气候变化，知道该如何适应气候变化 4) 增强城市经济发展和塑造强劲的三角洲城市形象
战略要素	稳健性(robustness)、韧性(resilience)、意识(awareness)
战略实施	1) Maeslantkering 风暴潮屏障(堤坝和污水系统组成)投入运行 2) 增加具有适应能力的公共空间——在街道和屋顶上投资建设绿色基础设施 3) 提供更多地表水储空间——水广场、默兹河潮汐公园 4) 无护堤地区基于多层安全防护措施，包括预防、空间适应和灾害管理 5) 提高鹿特丹公民和企业的意识，在城市水安全和热浪影响方面

其具体措施如下。

(1) 前期预测——气候适应变化模型(SCBA)

鹿特丹气候适应社会成本效益分析(SCBA)是鹿特丹气候适应战略的一部分，它从投资成本和收益的角度评估城市韧性建设。SCBA 采用气候适应变化模型去预测一系列气候适应措施未实施和实施后对城市造成的综合影响，不只着眼于单个项目的影响。SCBA 为鹿特丹韧性城市的建设提供了前期干预的手段。

(2) 城市水储空间——水广场(Water Palace)

鹿特丹在人口密集的区域创新性地建造了一个兼具娱乐性和额外城市水储存空间功能的设施——水广场(图 3-7、图 3-8)。

水广场是城市里一块凹陷的区域，平时是孩子们玩耍嬉闹的地方，下雨时用来收集雨水，变成临时水库。雨水通过水广场汇集到地下的水库，经过处理可以用来冲

图 3-7 鹿特丹水广场设计图

图 3-8 鹿特丹 2012 年水广场现场

资料来源：Rotterdam Climate Proof Adaptation Program，2008.

厕所、清洁街道等。

(3) 未来策略——浮动房屋(Floating Pavilion)

鹿特丹浮动房屋(图3-9)从顺应自然的角度,在全球气候变暖背景下,为因海平面上升而面临被淹没的港口城市,提供了一个解决未来生存和发展问题的全新途径。浮动房屋不仅能漂浮于水面上,还具有耐气候变化、创新、可持续、灵活等特点。房屋高约12 m,最大的一栋直径有24 m,其底部是一种类似泡沫的材料,帮助固定房屋。三栋房屋连接在一起,加上其独特的圆形结构,增加了房屋在水面的稳定性,人居住时不会因为风浪或潮汐而感到不适。

这种未来房屋是可持续的,建筑房屋的材料选用了比玻璃轻100倍的轻型环保材料,供热和通风系统将依赖太阳能和潮汐能,即使是冲厕所的水也将通过内部系统净化后再排出,实现能源的自给自足。

图3-9 鹿特丹浮动房屋

资料来源:姜丽钧,2010.

为了应对气候变化的挑战,将危机转化为机遇,鹿特丹市又于2010年特别设立了"鹿特丹气候防护项目"(Rotterdam Climate Proof,RCP-Adaptation Programme,2010),目的是确保该市到2025年都能有效应对气候变化。永久保护和鹿特丹地区相互联系是关键因素,其全部内容包括减缓与适应,重点是增强鹿特丹市作为水城的地位,共同协作是关键*。

* 鹿特丹气候防护 Shanghai-Rotterdam Water Conference,2010.6.10,上海.

3.1.4 美国波士顿——韧性规划

波士顿尽管拥有科德角和海港群岛的天然屏障，但历史上也经历了多次大型飓风和东北风暴的侵袭。在过去一个世纪中，波士顿的海平面已上升 30 cm。据预测，到 21 世纪中叶，波士顿海平面将升高 50 cm；而到 2100 年时，将升高约 152 cm。为了应对海平面上升，波士顿提出在其海岸线区域按照一种长期的韧性策略进行城市规划建设。Sasaki 设计事务所提出了波士顿 Sea Change 城市规划方案。该方案有以下亮点。

(1) 强调对关键城市系统的考量

波士顿的城市交通路网、能源网、商业区和历史街区等城市系统错综复杂，在考量规划区中，不仅考虑了波士顿地区的海平面上升范围，还对波士顿土地利用、人口、交通系统及其他可能遭受侵袭的系统影响范围进行识别(图 3-10、图 3-11)。

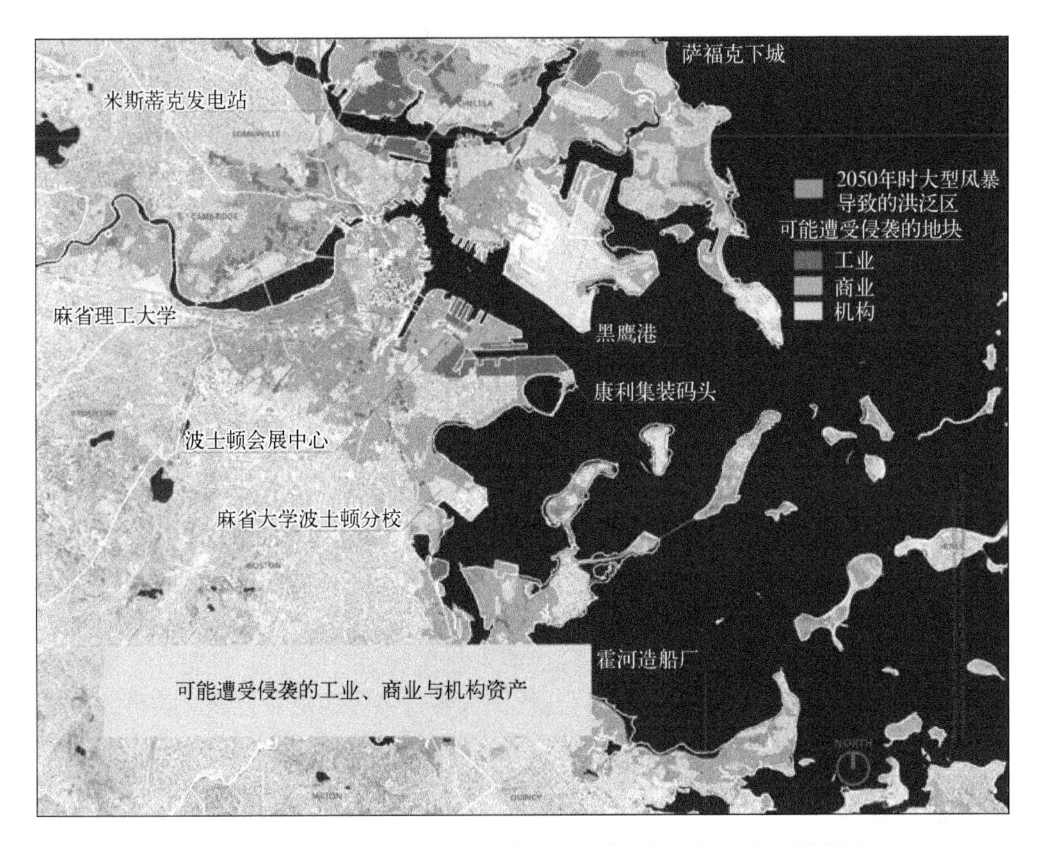

图 3-10 可能遭受侵袭的工业、商业与机构资产区域识别(后附彩图)

资料来源：http://seachange.sasaki.com/map.

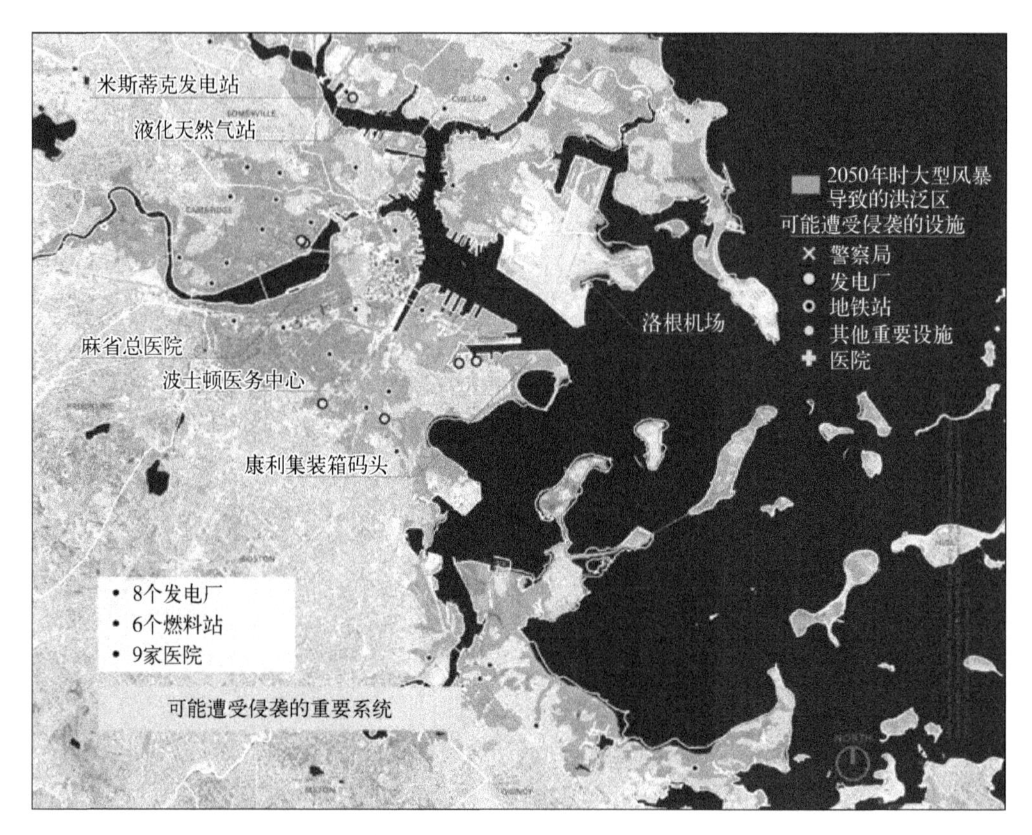

图 3-11 可能遭受侵袭的城市重要系统识别(后附彩图)

资料来源：http：//seachange. sasaki. com/map.

(2) 多尺度的韧性设计及规划

波士顿在建筑、城市和地域等尺度提出前瞻性设计和规划战略。从浮动公寓楼到可吸收、引导洪水的公园等应对海平面上升的韧性解决方案，可以令波士顿的建筑和基础设施在风暴侵袭后迅速恢复，并适应上涨的潮水。方案在保护波士顿地区边缘地带不受海水侵袭的同时，提升滨水地带的活力和连接性，并推动经济发展。

(3) 融入公众对于海平面上升的意识

该方案将公众对于海平面上升的意识纳入总体规划的设计中，注重社区参与在城市总体建设中的作用。建立互动平台，让来自各行各业的从业者能对城市韧性规划各抒己见，吸取各方面的建议，促进城市更好的建设。

3.1.5 总结

除上述列举的国际韧性城市案例外，国际上还有很多城市正在建设韧性城市，各城市发展适应规划各有特色，覆盖的范围和领域广泛，尤其是针对不同的气候风险，

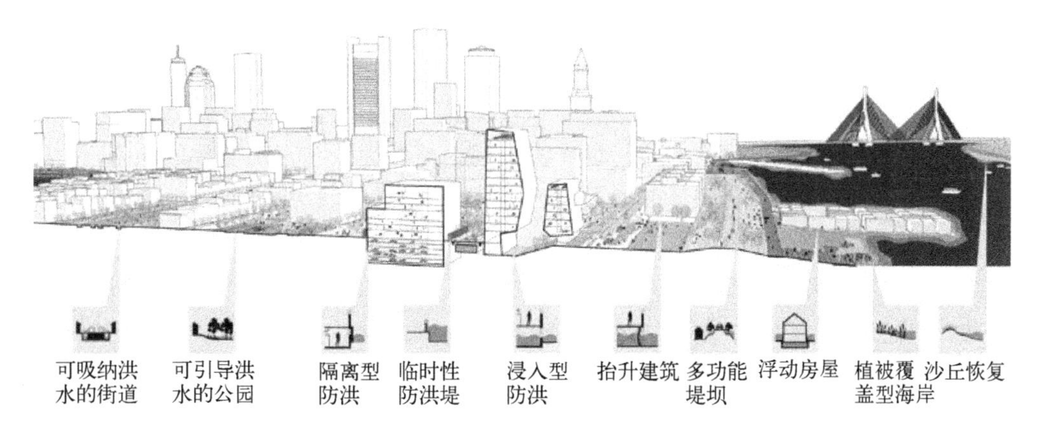

图 3-12 波士顿多尺度弹性城市设计

资料来源：http：//seachange. sasaki. com/map.

图 3-13 "Sea Change"融入波士顿地区公众意见

资料来源：http：//seachange. sasaki. com/map.

设计了不同的适应目标和重点领域。由表3-3可见，国际韧性城市显著的共性就是强调城市对未来气候风险的综合防护能力，以打造安全、韧性、宜居的城市为目标。

发达国家城市应对气候风险的经验和教训提醒我们，在城市长远规划中必须充分考虑气候变化风险。第一，学习反思、提高规划前瞻性。在充满变数的未来，气候变化风险、全球经济危机、环境和发展的压力等，不断提醒城市的决策者，前瞻性、务实性、创新性的规划，以及强有力的领导、科学的决策支持，是最理性的选择。第二，将危机转化为机遇，提升城市形象和城市竞争力。例如纽约适应计划试图通过投资驱动，不仅打造更安全的城市，还要发掘投资机会，提升城市在未来全球竞争中的地位，以强大韧性的城市形象，吸引潜在的投资者。第三，动员一切社会力量，形成共识。未来社会将是风险社会，气候变化引发的灾害将成为风险的放大器，对于传统的防灾减灾从理念到实践都提出了诸多挑战。从灾害风险管理到治理，需要政府转变角色，改变传统的以单一部门、单一灾种为主导的模式。中国在四川汶川、青海玉树等地震灾害中发挥了巨大的国家动员力量，体现了具有中国制度文化特色的救灾优势。发达国家和发展中国家可以互相学习、取长补短，动员从政府、企业到社会的一切力量共同应对未来风险。

表3-3 全球6个最具代表性的韧性城市发展适应规划

城市	对应策略	发布时间	主要气候风险	目标及重点领域	投资（美元）
美国纽约	《一个更强大，更有韧性的纽约》	2013年6月	洪水、风暴潮	修复桑迪飓风影响，改造社区住宅、医院、电力、道路、供排水等基础设施，改进沿海防洪设施等	195亿
英国伦敦	《管理风险和增强韧性》	2011年10月	持续洪水、干旱和极端高温	管理洪水风险、增加公园和绿化面积，到2015年100万户居民家庭的水和能源设施更新改造	23亿
美国芝加哥	《芝加哥气候行动计划》	2008年9月	酷热夏天、浓雾、洪水和暴雨	目标："人居环境和谐的大城市典范" 特色：用以滞纳雨水的绿色建筑、洪水管理、植树和绿色屋顶项目	—
荷兰鹿特丹	《鹿特丹气候防护计划》	2008年12月	洪水、海平面上升	目标："到2025年对气候变化影响具有充分的韧性，建成世界最安全的港口城市" 重点领域：洪水管理、船舶和乘客的可达性、适应性建筑、城市水系统、城市生活质量 特色：应对海平面上升的浮动式防洪闸、浮动房屋等	4千万
厄瓜多尔基多	《基多气候变化战略》	2009年10月	泥石流、洪水、干旱、冰川退缩	重点领域：生态系统和生物多样性，饮用水供给、公共健康、基础设施和电力生产、气候风险管理	3.5亿
南非德班	《适应气候变化规划：面向韧性城市》	2010年11月	洪水、海平面上升、海岸带侵蚀等	目标："2020年建成为非洲最富关怀、最宜居城市" 重点领域：水资源、健康和灾害管理	3千万

资料来源：郑艳，2013.

3.2 我国韧性城市典型案例与经验借鉴

从中共“十七大”、“十八大”、十八届三中全会到五中全会,“四个全面”引领着我国生态城市建设理念的创新方向;中国“经济发展新常态”推动形成绿色低碳循环发展新方式,凸显着生态城市可持续发展能力;“智慧城市”推动城市低碳、绿色、可持续发展,2014 年是中国智慧城市落地的元年;“韧性(resilience)可持续城市”则是我国城市研究的新方向。

(1) 生态城市建设

目前,我国共有 284 个城市开展了生态城市规划建设,根据《中国生态城市建设发展报告(2015)》(刘举科等,2015),在城市健康等级(很健康、健康、亚健康、不健康)中,珠海市、三亚市、厦门市等 11 个城市排名前 11(很健康);排名 12～189 位的 178 个城市等级为健康,占 62.68%;排名 190～275 位的“亚健康”城市占 30.28%;其余 9 个城市为“不健康”。生态健康状况良好或建设成效显著的城市,主要在生态环境、生态经济以及生态社会建设等方面采取有效措施,编制生态城市建设规划,完善生态建设制度,不断提升生态城市治理能力和建设质量。

(2) 海绵城市建设

所谓海绵城市,是新一代城市的雨洪管理概念,即通过一系列城市绿地、水利设施的建设与合理规划,让城市在适应环境变化和应对雨水带来的自然灾害等方面具有良好的“韧性”,也可称之为“水韧性城市”,国际通用术语则是“低影响开发雨水系统构建”。具体来看,海绵城市通过加强城市规划建设管理,充分发挥建筑、道路和绿地、水系等生态系统对雨水的吸纳、蓄渗和缓释作用,有效控制雨水径流,实现自然积存、自然渗透、自然净化的城市发展方式。对此,国务院参事、中国城市科学研究会理事长仇保兴形象地总结为:“我们的城市能像海绵一样,遇到有降雨时能够就地或就近吸收、存蓄、渗透、净化雨水,补充地下水、调节水循环,而在缺水时则能将蓄存的水释放出来,加以利用。”

海绵城市的发展在我国正日益得到重视,最早是在 2013 年 12 月召开的“中央城镇化工作会议”上由官方提出;2014 年 10 月,住建部出台了《海绵城市建设技术指南》,举办了全国海绵城市建设培训班并在全国选取城市进行试点;2014 年 12 月 31 日,习近平总书记发表“加强海绵城市建设”的讲话。2015 年以来,国家出台了一系列措施,如 4 月 2 日,我国确立了首批 16 个城市为海绵城市试点城市,中央财政将重点投向这些城市;10 月 16 日,国务院发布《关于推进海绵城市建设的指导意见》,提出通过海绵城市建设,最大限度地减少城市开发建设对生态环境的影响,将 70%的降雨就地消纳和利用，到2020年，城市建成区20%以上的面积达到目标要求，到2030年，城市建成区80%以上的面积达到目标要求。根据住建部统计，目前，全国已有130多个城市制定了海绵城市建设方案，江苏、安徽、辽宁等省已印发指导意见，要求在全省范围内全面推进海绵城市建设。继海绵城市建设热潮之后，韧性城市建设也将成为我国城市建设的必然趋势。

(3) 韧性城市建设

国内部分研究者也将“resilient city”称为“弹性城市”，我国各级政府和部门、城市科学领域的研究者和城市规划建设等行业的工作者对其局部要素开展了研究，以加强对城市发展、保持城市活力和提高城市抵抗灾害等方面的指导。我国政府历来重视城市的抗风险能力建设，取得了一系列进展。面对某些突如其来的城市新冲击和由此引发的高度社会关注，正在采取有利于提高城市弹性的举措。如2012年北京“7·21”特大暴雨之后，城市洪水的问题上升到了全国瞩目的高度。住建部发布了《城市排水(雨水)防涝综合规划编制大纲》，北京市、上海市等政策要求的城市均启动了防洪规划。但目前尚缺少从复杂科学和城市巨系统的角度系统剖析城市的脆弱性，因此，韧性城市需要从理论到实践的顶层设计。

国内研究人员尝试将细分网格法应用于韧性城市的设计(许晖，2011)，探讨了都市农业对于韧性城市食品保障功能的重要性(郭华等，2012)。受国外韧性城市思潮的影响，我国学术界也召开了专门针对韧性城市研究的学术讨论，例如：北京大学建筑与景观设计学院2012年度论坛(2012年10月14日)的主题为弹性城市，这是我国学术界首次集中对弹性城市进行认识和交流；2013年6月，第七届国际中国规划学会(IACP)年会的会议主题为“创建中国弹性城市：规划与科学”，倡导让城市弹性的不确定性具有在城市规划和治理中的优先级；2013年9月，环境倡议理事会秘书长康拉德·奥托·齐默曼在第四届中国(天津滨海)国际生态城市论坛上指出了建设弹性城市或活力城市对于中国的必要性。

然而，我国在韧性城市建设中尚存不足，例如：对韧性城市的认识有待系统深化，在政策方面需要顶层设计思维和具象的支持；国内关于韧性城市的学术研究尚处于起步阶段，理论框架有待形成；规划界开展城市韧性规划目前缺少方法学的指导；行业体系尚未形成，行业组织对韧性城市的认知和接受尚需时间。

从上述三种城市模式及内涵分析，它们既有联系，也有区别。生态城市模式强调社会、经济、自然亚系统的协调发展，强调生态承载力与结构、功能的协调与完善，措施更加综合；海绵城市强调通过湿地、水系、绿地等措施在城市防洪排涝方面应对气候灾害的能力，也是提高“城市韧性”的一种基础途径；而韧性城市则更强调城市在适应、减灾、应对气候变化胁迫的综合韧性等，包括城市基础设施、绿地、湿地、水系以及社会、经济等系统的韧性等。

3.2.1 成都——全球防灾减灾样本

(1) 相关措施

自 2008 年“5 · 12”汶川地震后，成都成立了以市政府领导负责、30 余个部门和单位为成员的减灾委员会，建设了自然灾害应急指挥信息化平台，规划建设了 1 000 余个应急避难场所；建设了救灾物资储备仓库；组建了综合应急救援大队，建设了西部地区最大、最先进的灾害应急救援培训基地，完善了区(市)县地震应急指挥系统，建设了中国首个地震烈度速报台网以及地质环境信息系统等防灾减灾设施。目前，成都市开建 35 个应急避难场所，力争建成完善的应急避难场所网络。2011 年 5 月 11 日，在日内瓦举行的第三届联合国减少灾害全球平台大会上，联合国减灾战略署把“灾后重建发展范例城市”殊荣授予了成都，这是我国首个获此殊荣的城市。

2011 年 8 月，第二届世界城市科学发展论坛暨首届防灾减灾市长峰会在成都召开，包括成都在内的 10 个城市共同加入“让城市更具韧性”运动，讨论并通过《让城市更具韧性“十大指标体系”成都行动宣言》和《城市可持续发展行动计划》。该行动宣言的内容包括：加强合作，包括提供各种与“让城市更具韧性‘十大指标体系’”(表 3 - 4)有关的优秀经验及合作机会，并与其他城市分享成功应用的工具、方法和法令；将减灾韧性指标与城市发展规划结合起来；组织公共意识宣传教育活动；建立国际机制，履行义务；加强城市层面的灾害和应急管理，协调利益相关者及市民团体，使其成为应急管理的必要组成部分，并且应该更加关注那些极易遇到危险和应对能力有限的城市贫民。该行动宣言将为城市防灾减灾提供实际操作指导，助推各国城市防灾减灾体系的建立和完善。成都还与联合国减灾能力建设处签署了《防灾减灾应急救援培训基地建设》意向书。

表 3 - 4 “让城市更具韧性”十条指标体系

序　号	内　　容
1	以市民团体和民间社团的参与为基础，成立专门机构开展协调工作以了解和降低灾害风险。建立地区联盟，确保各部门了解其在降低灾害风险和相关准备方面的职责与分工
2	制定专项降低灾害风险预算并出台鼓励性措施，鼓励公共部门以及社会各界投资，以减少其所面临的风险
3	掌握关于危险和隐患的最新资料、编制风险评估报告，并制定城市发展规划和决策。确保公众随时可获得该市灾害抗御能力相关信息及计划，并与公众就相关内容开展充分讨论
4	投资兴建并维护能够降低风险的关键基础设施(如泄洪设施)，并在需要时做出相应调整，以应对气候变化
5	评估每所学校和卫生保健设施的安全性，并进行必要的升级维护
6	实施并执行实际可行的风险防范建筑法规和土地使用规划原则。确定供低收入市民避难的安全区域，并且针对非正式居住区开发可行的升级项目

续 表

序号	内容
7	确保学校和当地社区开展有关降低灾害风险的教育课程和培训
8	保护生态系统和天然缓冲区，以减轻洪水、风暴以及所在城市可能遭受的其他危害。以良好的降低风险的做法为基础，适应气候变化
9	在所在城市装设预警系统并培养应急管理能力，定期开展公众应急演习
10	确保灾后重建以满足受灾人口的需求为重心。在相关设计与实施中预先计划并纳入受灾人口和社区组织的需求，包括家园重建和生活保障

资料来源：成都日报，2011－05－12.

(2) 经验和启示

成都在灾后恢复重建中，表现出令人惊叹的韧性，取得了瞩目的成就，还建立了一套综合防控体系，形成了独具特色的经验和成果。

1) 经验

一是加强领导，建立健全了防灾减灾的综合协调机制；二是加强能力建设，提升防灾减灾综合实力；三是有效开展次生灾害防治工作，防患于未然；四是加强防灾减灾宣传，强化防灾减灾培训。

汶川特大地震发生后，成都能在非常短的时间内动员各方资源(不仅有来自上级政府的资源，还有来自民间、志愿者的资源)投入到抢险救灾里；在恢复重建前进行了科学的城乡规划；在重建的同时没有放弃对受灾者的心理干预，进行心灵重建；此外，成都的灾后恢复重建速度快，不仅基本完成了重建，还在灾害预警系统、避难设施建设等方面做了大量工作，拥有了更为坚韧的城市抗风险机制，值得其他城市学习。

2) 启示

第一，在防灾减灾方面，政府要主动作为，并起到主导作用。在成都应对汶川特大地震的抗灾经验及防灾措施中，来自上下级政府机构支持的作用尤为凸显，尤其体现在规划制定、组织项目实施、产业布局等方面；不仅中央政府能够迅速提供有力的支援，其他城市也能快速响应，与受灾地区协同合作；成都在处理突发事件时调动资源的能力、在短时间内表现出的巨大恢复力，与政府的有力领导、完善的计划、科学的管理密不可分。

第二，要投入足够的资源，城市灾害预警需要大量投入，这并不仅仅是一种支出，它可以保护生命、生活、学校、商业及就业。

第三，在城市的规划建设、运行管理中加入提早预警、防灾减灾的内容，建立一个更好的城市发展目标，用长远科学的规划来远离灾难，甚至上升到法律高度来执行。比如内涝或洪水等灾害，是可以通过早期的城市规划来规避的。

第四，全球都在进入自然灾害频发的时期。应了解灾难的根源，针对灾害建立评估体系、预警和应对机制，更重要的是，将这些信息与公众分享，形成了良好的沟通氛围，以利于应对突发灾难。

第五，推动公众教育和宣传工作。应从学校教育开始，提高公众的应急意识和自救能力。

第六，与更多的国际城市交流经验。

3.2.2 深圳——刚性与韧性之和

深圳作为探索市场经济体制的“试验场”，是我国发展最快的城市，又经常被称为“基本按规划建设起来的城市”——既能够实现高速的社会经济发展，又能够保证城市规划的贯彻执行。这在很大程度上反映出深圳市城市规划对外部发展环境具有较强的适应能力，即具有韧性。

(1) 相关规划

1979 年以来，深圳市城市规划实践在编制、执行与管理城市规划过程中发挥其刚性。例如，《深圳市经济特区城市总体规划(1986—2000)》(简称“86 版总规”)确立了稳定、切实的城市空间发展结构，直接对接道路交通、公园绿地建设等系统性工程项目，有效导引了城市总体建设与发展；同时，“86 版总规”还编制了近中期建设规划，确定先期实施的重点项目以及项目详细规划蓝图，使总规直接“落地”，保证了规划的严格执行。为保证资源的可持续利用，《深圳市城市总体规划(1996—2010)》(简称“96 版总规”)将城市非建设用地纳入规划研究范畴，此类非建设用地规划在 2000 年以后转化成为更为严格的刚性控制手段——深圳首先于 2005 年在全市层面划定了基本生态控制线，之后又在 2007 年将刚性控制内容扩展为“四区五线”，用以保护城市战略型资源。

在城市规划成果与规划管理过程中，也应具有对社会经济发展变化的灵活适应性，即韧性。在深圳市城市规划成果中，最能够体现韧性规划思想的是“带状组团结构”。这一结构在 1982 年首先提出，随后在“86 版总规”中得以延续与深化，即：将特区划分为六大组团；每个组团“自成一市”，各种功能就地平衡；组团之间用绿化带进行隔离，通过东西向的主干道相串联。《深圳市城市总体规划(2010—2020)》(简称“07 版总规”)通过加强关外组团的东西向联系，形成了“网络＋组团”的空间结构，进一步提升了系统的稳定性与组团发展的灵活适应性。

(2) 经验与启示

深圳城市规划中的刚性与韧性实践在发展过程中逐步形成了良好的协同与制

衡关系，实现了韧性规划、区间控制和动态组织的三大核心方法。

深圳市韧性规划主要体现在城市总体规划（如“带状组团结构”和超前的空间规模预测）、城市详细规划（如早期的工业区规划和城中村改造项目、近年提出的城市发展单元规划和城市更新单元规划）、地方性规划法规与标准（如弹性控制地块容积率）、项目组织与管理（如城市规划的滚动式修编、规划项目实施管理过程中的修订程序、规划项目审核环节的群体决策制度）等方面。为实现城市空间的韧性、为发展奠定耐久的空间结构，深圳韧性规划主要采用以下技术手段：① 获取充足的空间资源；② 构建开放的空间骨架；③ 采用模块化的空间组织方式。

为发展提供多样的空间选择，深圳市实行了区间控制，即采用“区间式”的规划控制方法，主要采用以下手段：① 简化规划控制指标体系；② 设定区间控制规划指标；③ 有条件地调整规划指标的浮动范围。

为提升韧性规划应对环境变化的主动性、及时性及准确性，深圳市采用动态的规划项目组织方式，以实现贯穿城市空间发展过程的整体韧性，动态组织的技术手段主要包括：① 滚动式的项目组织；② 过程式的规划实践。

可以看出，深圳市在城市规划过程中构建了“多维韧性”的规划控制体系，提升了城市空间规划建设的时效性及城市的韧性：在物质空间设计方面，建构具有耐久性与韧性的空间结构，为城市空间发展奠定舒展的物质骨架；在规划控制管理方面，制定适当宽松的规划指标体系，为各类市场开发活动提供自由发挥的舞台；在规划实践组织方面，开展连贯的、过程式的规划行动，赋予规划实践灵活的应变能力。三管齐下、相互配合，使城市规划与城市空间更加从容地抵抗或适应环境变化，为社会经济发展提供更加充分的空间支撑。

3.2.3 德阳、黄石——全球100韧性城市

全球“100韧性城市（Global 100 resilient cities）”项目是由洛克菲勒基金会于2013年5月提出的一项城市发展项目，连续三年在全球甄选100个韧性城市。该项目旨在通过为城市制定和实施韧性计划及提供技术支持与资源，帮助城市打造韧性，提升城市抵御外来冲击、灾害的能力。韧性城市项目将百姓健康及福祉、民生和就业、公共卫生保障、环境和经济、交通和安全等事项列为韧性城市的驱动因素和次级驱动因素，指导并考核会员城市开展韧性建设。当年12月，全球首批32个韧性城市入选，包括法国巴黎，英国伦敦，美国芝加哥、纽约、洛杉矶、波士顿、旧金山，意大利罗马等，总人口数超过7亿，形成“世界百强韧性城市关系网”。2014年12月的第二批入选的35个韧性城市中，中国的四川德阳、湖北黄石两座城市名列其中。

(1) 四川德阳

德阳市位于成都平原东北部，是成渝经济区重要区域中心城市和成都经济区

重要增长极，也是四川省重点规划在建百万人口城市，面积 5 911 km²，户籍人口 392 万。德阳是中国重大装备制造业基地和全国三大动力设备制造基地之一、国家首批新型工业化产业示范基地和四川省第二大工业城市，生产了全国 45%以上的大型轧钢设备，也是世界最大的铸锻钢制造基地，发电设备产量全球第一，石油钻机出口全国第一，全国 60%的核电产品、40%的水电机组、30%的火电机组、50%的大型轧钢设备、20%的大型船用铸锻件均由德阳制造。德阳还有着丰富的森林、野生动物、水力、矿产和自然景观资源，是中国优秀旅游城市，历史文化积淀厚重。其境内拥有"沉睡数千年，一醒惊天下"的三星堆古蜀文明遗址。作为国家森林城市，德阳还是中国唯一的"联合国清洁技术与再生能源装备制造业国际示范城市"。

面临的主要挑战：由于境内河流众多，地形起伏，且处于青藏高原地震区，在韧性城市建设方面，德阳市面临最主要的挑战为洪水的威胁及地震活动，此外还包括经济转型、洪水和滑坡、环境污染等。

采取的主要措施：① 坚持集约发展，切实保护土地；② 重视环境保护，促进持续发展；③ 科学保护利用，合理开发资源；④ 加强治理修复，保护生态环境。

以制度为突破口，推进生态文明建设，从在全省率先试点开展环境污染责任保险，到建立实施主要污染物总量指标管理制度；从建立实施重点流域水质超标扣罚制度，到建立跨区域城市饮用水源保护合作机制……德阳生态文明体制改革正在全面推进。其韧性城市建设亮点如表 3-5 所示。

表 3-5　四川德阳市韧性城市建设主要举措

主要领域	主要举措
信息化建设	● 住建部城乡规划管理中心确定的西南片区第一个试点城市，建设独具德阳特色的数字园林系统，使城市园林逐步向标准化、精细化方向发展 ● 实施"互联网+"战略，加快智慧城市建设 ● 气象部门每天制作发布"空气污染气象条件预报"，并在广汉等 6 个高速公路收费站建立集能见度、空气湿度、气温等八要素自动气象观测站。同时，空气质量 $PM_{2.5}$ 已于 2013 年 11 月开始在市、省、国家环保网上即时发布，公众可登录网址和手机终端随时了解环境空气状况
生态红线保护	● 建立实施一系列生态红线保护制度，对生态功能保障、环境质量安全和自然资源利用等方面提出更高的监管要求，从而促进人口资源环境相均衡、经济社会生态效益相统一 ● 为实施红线制度，进一步完善技术和数据支撑，完成了《森林分类区划界定》，着力推进新一轮森林资源二类调查，摸清森林资源家底
水资源保护	● 为保障用水安全，创新水资源管理，实行最严格水资源管理制度，出台了实行最严格水资源管理制度的实施意见和考核工作实施方案 ● 完成了《德阳市实行最严格水资源管理制度"三条红线"控制目标专题报告》，将用水总量控制目标、用水效率控制目标、重要江河湖泊水功能区水质达标率控制目标等"三条红线"目标分解到各县(市、区)人民政府，并要求切实加强水资源管理，节约和保护水资源
自然保护区管理	● 为了进一步理顺自然保护区管理体制，对于目前存在的保护区与矿权重叠问题，相关职能部门协商制订《四川九顶山省级自然保护区、龙门山国家地质公园、蓥华山省级风景名胜区重叠区域管理办法》，经德阳市人民政府审订后颁布实施

续 表

主要领域	主要举措
湿地资源保护	● 2014年,出台了《德阳市城市湿地资源保护规划》。该规划将德阳城市湿地资源空间格局总体为"两带三核、九廊多点"*,将湿地生态格局的统筹规划、保护范围的控制、湿地的生态修复及景观带的建设结合起来,形成兼具城市防洪功能和人工湿地景观风貌的湿地系统 ● 湿地公园建设方面,规划明确选址亭江新区,打造湿地生态文化教育与体验的窗口。将核心湖打造成城市湿地景观的生态基底,同时利用污水处理厂中水,建设郊野湿地公园,沟通核心湖公园和郊野湿地公园,将二者联为一体
环境监管	● 实施纵向"网格化"监管。按照"责任主体、网格结合、属地管理"的原则,按市、各县(市、区)环境保护监管划分为依据,将本辖区内环境保护监管网格划分为四级网格,出台了《德阳市环境保护局环境保护网格化管理工作制度(试行)》
环境治理经济手段	● 逐步完善资源有偿使用和生态补偿制度,充分发挥市场配置资源的作用;推进生态环境治理和保护体制机制建设,通过区域联动、部门联动,实现多部门联合执法,区域环境治理联动合作 ● 出台《设立水质超标资金并试行重点小流域考核断面水质超标资金扣罚制度》,该制度以重点小流域考核断面水质监测数据为依据,将经济手段用于环境监管,构建规范有效的流域水环境管理机制,激发各县(市、区)政府治理水环境污染的内在动力,促进污染物总量减排和水环境持续改善
区域环境治理联动合作机制建设	● 在成都、德阳、绵阳、遂宁、乐山、雅安、眉山、资阳8市已经签署《成都经济区区域环境保护合作协议》的基础上,签署《成都经济区八市环境应急管理工作合作协议》,充分发挥各方在应急处置装备、技术等方面的优势,实现应急物资相互调剂、应急力量相互支援、应急信息相互共享,努力提高突发环境事件应急处置工作的预见性、科学性和有效性 ● 编写突发环境事件应急处置案例汇编和工作手册,拟定区域突发环境事件应急处置预案,开展联合应急演习,着力提高区域环境事件应急处置水平
建立健全多部门联合执法机制	● 以环保专项行动为契机,环保、发展改革、经济和信息化、监察、司法、住房城乡建设、工商和安全监管部门以及电力监管机构加强协作配合,确定部门联动具体流程,以联席会议的方式,加强部门联动 ● 积极建立市级部门和旌阳区和德阳经济技术开发区的大气污染防治联动,成立专项检查组进行排查和整改 ● 健全重污染天气预警会商和应急联动机制,已出台《德阳市大气重污染应急预案》,进一步细化了《德阳市雾霾天气监测预警平台建设方案》 ● 德阳市气象局与德阳市环保局已联合开展大气重污染天气预报预警工作,实现环保监测数据和气象数据共享,同时以重污染天气应急指挥部为平台,积极应对重污染天气,制定了《人工影响天气作业减轻大气污染工作方案》
工作统筹协调	● 成立专门组织,协调推动工作。成立环境保护委员会,由市领导担任主任,负责统筹、协调、推动全区的环境保护工作,研究解决重大环境问题 ● 目前,德阳市环境保护委员会共计24个成员单位,德阳市政府每年向各成员单位分解下达年度环境保护工作目标任务并实施量化考核,并根据工作需要,不定期召开会议,研究环境保护工作
环境保护工作目标考核机制	● 建立实施一系列环境保护工作目标考核机制,科学制订考核评价指标和考核程序,推进考核落地。制定出台《关于改进和完善县乡党政领导班子和领导干部政绩考核工作的实施意见》,让考核不仅成为引导各级领导干部树立正确政绩观的"绿色指挥棒",还成为提升城市发展质量的助推器 ● 将生态文明建设纳入党政领导班子和领导干部政绩考核指标体系,由考核主体设置具体考核内容,作为县级领导班子和领导干部年度考核"一票否决"事项,同时将环境保护纳入区域重点镇专项目标考核 ● 生态环境保护与节能减排重点工作专项奖励考核纳入市委、市政府清理保留的六大奖励考核之一

续 表

主要领域	主　要　举　措
环境保护规划	● 为实现经济发展与环境保护的协调发展，积极推进完善重点生态功能区保护规划和环境总体规划。例如，在《成德同城化空间发展战略规划》中，实施主体功能区划发展战略，将成都、德阳两市的用地范围划分为生态保育区、优化型发展区、扩展型发展区、提升型发展区四大主体功能区。着手根据不同区域的资源环境承载能力、现有开发强度和发展潜力，统筹谋划人口分布、经济布局、国土利用和城镇化格局，确定不同区域的主体功能。在《德阳市城市总体规划(2014—2030)》中，将山水田园城市作为发展目标

* “两带”包括绵远河城市湿地景观带、石亭江生态湿地景观带；“三核”指华强沟水库湿地核心区、三江汇流生态湿地核心区和射水河汇流生态湿地核心区；“九廊”指穿越城区的主要堰渠，包括寿丰河湿地廊道、东南部郊野河流湿地廊道以及铁西排洪河、29支渠、30支渠、40支渠、穿城堰、胜利堰等；“多点”为湿地公园节点。

资料来源：刘晓星等，2014-12-30.

(2) 湖北黄石

黄石市位于湖北省东南部，长江中游南岸，是武汉城市圈副中心城市，华中地区重要的原材料工业基地，也是国务院批准的沿江开放城市。黄石市矿产资源丰富，工业文化底蕴深厚，工业基础较好，有“青铜故里”、“钢铁摇篮”、“水泥故乡”和“服装新城”之称，已形成冶金、建材、纺织等14个主导产业。黄石依山傍水，襟江怀湖，素有“江南明珠”之美称，也是一座不可多得的风光秀美的山水园林城市。但作为我国重要的矿冶城市和原材料工业基地，黄石经历了先有矿山后有城市、先生产后生活的城市发展过程。长期以来的矿山采掘和开山取石，造成开山塘口多且植被恢复难；工业区和生活区犬牙交错，造成绿化用地难；原材料工业的高能耗、重污染、强运输，造成环境治理难。城市环境为此付出了沉重代价。近年来，黄石以创建国家园林城市、全国卫生城市、中国优秀旅游城市和全国文明城市等为载体，借入选全球“100韧性城市”之机大力优化城市布局、完善城市功能、提升城市形象、增强城市韧性。

由于矿业和工业的发展带来的空气和水污染问题，在韧性城市建设方面，黄石市面临最主要的挑战为污染减排和治理、土壤修复及自然资源的保护。此外，还包括雨季洪水、滑坡问题、危废处置、自然资源消耗及环境退化等。

黄石市正积极开展韧性城市建设相关工作，在“两镇一区”城乡总体规划中运用了低冲击的设计理念，以减小对自然环境的过度开发；申报国家“海绵城市”* 第二批试点，将城市河流、湖泊和地下水系统的污染防治与生态修复结合起来，防止出现城市内涝。黄石应将生态韧性建设作为建设韧性城市突破口，在开山塘口、工矿废弃

* 2014年10月16日，国务院办公厅印发《关于推进海绵城市建设的指导意见》，从2015年起，全国各城市新区、各类园区、成片开发区要全面落实海绵城市建设要求。老城区要结合城镇棚户区和城乡危房改造、老旧小区有机更新等，以解决城市内涝、雨水收集利用、黑臭水体治理为突破口，推进区域整体治理，逐步实现小雨不积水、大雨不内涝、水体不黑臭、热岛有缓解。

地、大气污染、水体污染治理等方面率先作为。同时，与全球在韧性城市建设富有成效的城市进行交流，找到最适合自身的韧性城市建设重点。在建设韧性城市的道路上，黄石市主要采取了以下举措(表3-6)。

表3-6 湖北黄石市韧性城市建设主要举措

主要领域	主要举措
资源枯竭转型绿色发展	● 2013年作出“关于坚持生态立市产业强市加快建成鄂东特大城市”的战略决定，确立的目标是：5年创建国家森林城市和国家环保模范城市，再通过5～10年的努力，基本建成鄂东特大城市，成功创建国家生态市 ● 旗帜鲜明地提出“早日走出采矿经济时代”、“不欠生态新账多还生态旧账”等执政理念
引领第六产业稳步迈进	● 产业链延伸，发展循环经济 ● 农业功能拓展，创建集果蔬种植、观光采摘、休闲服务、农特销售为一体的新型农业模式 ● 第六产业突起，建万亩玫瑰基地发展“芳香经济”
统筹谋划建设美丽乡村(注)	● 以创建国家森林城市为重心，加快推进“绿满黄石”行动，全面启动城区边、集镇边、干道边、长江边、湖泊边植绿工程，力争实现绿色全覆盖 ● 重点推进生态治理，集中关闭所有“五小”企业，对工业企业重点污染源进行全面整治，实现达标排放 ● 政府积极引导企业走转型发展的新路子，即“上山(造林)”、“下乡(做生态农业)”、“进城(做商业或服务业)” ● 大力实施生态修复。对工矿废弃地进行生态修复，如开山塘口、石漠化荒地，并对大冶湖水面进行恢复 ● 在农村保洁方面，对村庄进行高标准环境整治，全面建立了“户分类、村收集、镇转运、市处理”的垃圾清运体系；加大政投入，运用市场化运营办法开展农村保洁，建立了新型城乡一体化保洁长效机制；通过养殖环节病死猪焚烧无害化处理试点，探索有效的病死畜禽无害化处理长效机制 ● 提高农村基础设施水平，“村村通客车”解决老百姓出行难，推进城乡基本公共服务均等化。同时还积极探索农村小水利管护、农村精神文明建设等机制 ● 在农村思想文化建设方面，修复文化古迹，推进农村文化礼堂进祠堂建设，在保留祠堂祭祀省亲传统功能基础上，赋予弘扬传统文化、传播先进文化、倡导公序良俗、促进农村和谐等新功能，凸显传统底色、时代特色和文化亮色的融合为一
深化改革确保改有所成	● 土地确权登记颁证试点加快推进。在大冶进行了湖北省农村土地承包经营权确权登记颁证工作整市推进试点 ● 农村金融体制改革成效显著。主动适应农村实际、农业特点、农民需求，综合运用财政税收、金融监管等措施，推动金融资源继续向三农倾斜 ● 涉农资金整合机制不断完善。以县(市)区为平台，开展涉农资金整合机制创新，初步建立了“性质不变、管理不变、各记其功、统筹使用”的财政涉农专项资金统筹使用工作机制 ● 强力推进生态环境保护执法。成立了黄石市公安局环境保护警察支队，“生态执法”有了强有力的保障。将把绿色化发展纳入法律的刚性约束，对踩红线者，严肃追究和惩处

注：目前，黄石全市被命名为省级新农村建设示范村30个、省级宜居村庄20个、省级生态村17个。
资料来源：何兰生等，2015-04-27.

3.2.4 合肥——基础设施韧性提升规划

合肥市地处江淮之间、环抱巢湖，是安徽省省会，全省政治、经济、文化、信息、交通、金融和商贸中心，全国重要的科研教育基地，长三角城市经济协调会会员城市、长三角城市群副中心城市，同时也是华东地区综合交通和通信枢纽之一。合肥市自然环境优美，名胜古迹众多，具有鲜明的园林生态环境，是全国首批园林城市、全国优秀生态旅游城市、国家森林城市，境内有国家级大蜀山森林公园和国家级滨湖湿地森林公园；同时，合肥也是国家创新型试点城市、全国首个节约集约用地试点市、世界科技城市联盟（WTA）会员城市、国家级信息化和工业化融合试验区、国家电子商务示范基地，更是全国“智慧城市”试点示范城市。2015年，合肥市组织编制了《合肥市市政设施韧性提升规划》，在我国韧性城市建设上进行了规划实践，目标是在2014年合肥市《市政基础设施综合规划》的基础上，补充对基础设施应急系统和风险管理方面的整合，重新审视基础设施应对灾害风险的能力以及提升城市韧性的措施。

合肥市面临的主要生态环境问题：包括城市热岛、城市干岛、雾霾问题、市域内河流萎缩、巢湖水质恶化等，以及城区绿地较为缺乏。

该韧性提升规划的主要流程如下。

① 明确城市市政设施韧性内涵。结合我国城市市政基础设施的特点，明确影响基础设施韧性的相关要素。

② 提出韧性提升的基本目标，确定可能的风险情景。

③ 依据风险情景，分析、评价系统脆弱性。

④ 针对各要素方面的脆弱性，讨论应对风险的措施政策。

⑤ 对结果重新审视，评估及完善整体对策。

该韧性提升规划对合肥市基础设施的韧性进行了评价，主要涉及其规划布局、重大设施冗余性、行政管理和应急预案、教育宣传等方面，潜在的风险主要包括自然灾害、生态灾害、蓄意袭击、系统本身的漏洞等，并提出了以下不足之处。

① 应急预案体系仍有待完善：应急预案未能做到全覆盖；应对重大自然灾害的应急预案缺失；缺乏部门之间的协调合作。

② 认识上的不足：各部门对灾害发生的紧迫性认识不足；各部门对灾害发生的危害性认识不足。

③ 韧性要素建设尚有差距：物质性要素建设有一定基础，但离韧性城市标准尚有不足，涉及消防、供水、供电、排涝等多方面；非物质要素建设较为薄弱，存在统一管理机构尚不明确、社会组织参与较少、教育宣传工作缺乏等一系列体制机制问题。

韧性提升策略：该韧性提升规划对合肥市12个基础设施系统分别进行了详细的韧性评价，除对脆弱性分项进行评价外，同时也对现有的措施和政策进行评价（表3－7）。在此基础上，借鉴日本“国土强韧化规划”，提出了城市基础设施韧性提升的总体策略和分类的相应策略，并列举了相关的业绩指标，指导策略的实施，对我国其他城市也有借鉴意义。

表3－7　合肥市韧性提升总体策略

序号	总体策略	主　要　内　容
1	转变规划理念	以非常态事件为切入点，以非常态规划为基础，实现常态规划与非常态规划的相互协调

续 表

序号	总体策略	主 要 内 容
2	推进韧性城市规划法制化建设	① 建立韧性城市基本法作为韧性城市规划建设的最根本依据 ② 确立起韧性城市规划的法定地位，保障韧性城市规划顺利实施 ③ 各个地区根据基本法的要求，结合当地情况，编制韧性城市法律法规
3	推进体制机制改革	① 体制建设方面 ● 国家层面应成立韧性城市事业推进的顶层机构，协调各部门编制韧性国土规划。城市层面，主要包括：建立韧性城市建设领导小组，市主要领导担任组长，并设领导小组办公室 ● 完善韧性城市建设管理部门，如应急办、人防办等 ● 由各个分管部门制定统一的城市各个功能系统的韧性规划和应急预案，指导各个具体部门进行韧性提升工作的实施 ② 机制建设方面 ● 物质性政策与非物质性政策协同推进。物质性对策的硬件整备与防灾教育避难训练等非物质性对策，适当地相互合作、相互促进，共同推进韧性城市建设 ● 多层级应急预案联动体系建立。实现纵向上"市—职能部门—街道—企业"及横向上同级部门协作的联动体系，充分发挥应急预案功能 ● 将城市韧性提升工作纳入各部门、地方考核体系。在部门和地方综合考核中，不再一味地追求经济建设，而是适当提高城市韧性建设工作的权重 ● 加强与 NGO 协作机制。政府加强与社会组织团体在防灾应急方面的协作，实现"公助＋共助＋自助"，提高救助率及应急效率
4	重新梳理空间规划体系	① 编制各个层级的韧性城市总体规划，并理顺韧性城市规划体系和现有规划体系的关系 ● 国家层面：政府编制韧性城市规划指导书并编制韧性城市基本规划，以此为基础，各部门编制专项规划 ● 城市层面：在政府工作计划中应建立完整的韧性城市规划体系，以韧性城市行动计划作为顶层设计，韧性城市行动计划是与全市相关的各个领域建设的指南性文件 ② 在顶层设计指导下，编制城市韧性规划及相关功能系统的韧性提升规划，指导城市总体规划和防灾规划，在此基础上，编制城市各个功能系统的韧性提升规划 ③ 应将城市灾后重建工作前瞻性地放入韧性城市规划编制体系，提前编制重建规划，应对灾害风险作超前性的预规划
5	强化社会"韧性"意识	① 进一步加强宣传、教育工作，强化国民意识 ② 重视防灾教育宣传和多样化的防灾训练，在各个教育层级设置不同深度的防灾及韧性教育，培养全民韧性意识，更多增加实践性内容 ③ 注重新技术的利用，可以借助微博、微信平台普及灾害知识

资料来源：吴浩田等，2016.

3.2.5 其他城市——韧性城市规划

(1) 浙江省宁波市

宁波市在《宁波市城市总体规划(2006—2020 年)(2015 年修订)》中提出了重视城乡统筹发展、合理控制城市规模、完善城市基础设施体系、建设资源节约型和环境友好型城市、重视历史文化和风貌特色保护等要求以及"韧性城市"的发展方向。宁波市促进实体空间与虚拟空间的优势整合、空间与时间的错位，把握好多节点与核心节点建设、多肌理板块和地标建设、城中村改造等工作，重构与经济转型相匹配的城市空间结构；科学处理好城与乡、传统与现代、表观与内涵、硬件与软件、地上与地下等关系，构建经济社会各领域的“微循环”，重构与绿色发展相匹配的城市空间结构；融入城市网络化发展大趋势，从全球、全国、长三角区域、宁波全域等不同层级和视角来定位宁波，加大力度建设“韧性城市”，重构与城市网络化发展相匹配的城市空间结构。

(2) 四川省绵阳市

绵阳市是巴蜀文化的发源地之一，是中国唯一获得国务院批准建设的科技城，其朝阳片区位于富乐山下，其工业发展史和工业遗存现状具有较高的历史文化价值。同时，绵阳是2008年汶川地震的重灾区，距离2010年青海玉树地震和2013年芦山地震的震源都较近。根据绵阳市政府的朝阳片区发展目标及规划策略，工业遗产资源是新绵阳韧性城市建设的重要依托，在改善生活区环境及居民居住环境、完善基础设施的同时，要减缓自然灾害对城市的冲击，增强旅游风景区功能。

绵阳韧性城市规划分别从生态韧性、经济韧性、社会韧性和工程韧性这四个方面展开设计：生态韧性方面，从建设用地的选择、绿地系统布局、道路交通规划等方面维护生态系统完整，通过统一规划创建生态适宜城市。经济韧性方面：基于城市产业结构失衡的现状与自身资源优势，重点增设第三产业，加强经济的抗冲击性，优化片区产业结构，创建经济高效城市。社会韧性方面，通过城市生态安全格局的设计为防灾减灾提供疏散和急救场地，同时在相关区域以合理服务面积设置应急指挥场所，在灾难发生时可以从容引导居民进行正常的避难营救工作；此外，新增服务也吸收社会闲置人员，减缓贫民财政危机，完善公共基础设施，满足居民精神文化需求；通过完善防灾功能配置，创建稳定抗压城市；工程韧性方面，吸收地震教训，提高水、电、医疗卫生等公益服务部门的设计抗震设防强度，关键基础设施系统采取冗余配置，在经济性与安全性上达到平衡，增强基础设施建设，创建舒适安全城市。

3.2.6 总结

从我国城市发展实践来看，快速推进的城市化过程已实现我国由农村社会向城市社会转型，但与国外城市相比，我国城市所承载的超大的人口规模和持续的工业化与城镇化给城市带来的资源环境问题使我国城市面临更复杂和更严峻的挑战。近年来频发的地质灾害、特大暴雨、夏季持续高温、雾霾天气、沿海城市的台风威胁、资源型城市与区域的资源枯竭等各种不确定性因素和现实问题正考验着我国城市的适应力和韧性。除了受自然灾害、气候变化等外部干扰的胁迫，城市系统本身的结构特征也表现出一定的脆弱性，如城市空间骨架的过度拉大、城市经济对土地财政的过度依赖、城市交通等基础设施的保障不足、工业化城市面临的环境污染、城市绿地与公共空间资源的缺失、大量流动人口的社会福利与身份认同等，城市面临的外部胁迫性因素和内部结构性因素的双重扰动进一步加大了城市的脆弱性。如何有效消化并吸收内外部干扰，提高城市面对不确定性因素的响应能力、适应能力与恢复能力是实现国家新型城镇化道路必然面对的现实问题。

综合国内外韧性城市的发展研究，可概括为以下三个方面：

① 理论上，多从系统论出发，分析环境现象与社会以及自然系统之间的联系，分析部分与整体之间的关系；引入生态学的基本概念以及理论，包括系统平衡、竞争、生态过程（侵入、演替、优势度）、斑块、干扰、韧性、阻力、持续性及变异等，将其应用到社会经济系统。

② 方法上，定性多，定量少，有关韧性的定量测度也是迫在眉睫；开始引入 GIS 以及 RS 空间分析手段，以及用景观、流域分析和土地覆盖模型、空间异质性分析等方法进行研究。

③ 研究尺度上，由城市层面向家庭、基础设施、社区、园区、城市群等不同层面扩展，研究地域从少数发达国家拓展至发展中国家。发达国家城市应对气候风险的经验和教训提醒我们，在城市长远规划中必须充分考虑气候变化风险，否则将低估城市未来灾害风险的潜在影响。

依据发达国家对于全球城市管理者应对气候变化、提升城市竞争力、实现可持续发展的经验，我国韧性城市发展战略与方法有以下几个途径。

第一，加强风险危机和公共安全预警监控系统建设，积极开展城市公共安全规划与评估工作。建立危机预警机制及时搜集和发现危机信息，科学研判危机信息，并及时向公众发布防范预警举措。一是加强风险危机管理关口前移，积极建立健全公共安全预警监控系统建设，从根本上防止和减少风险源和致灾因子的产生，防患于未然；二是加强城市公共安全科技支撑研究，充分利用本地科技资源优势，加强韧性城市基金项目立项资助研究，在韧性城市研究上，应加强应用遥感、测绘、地质勘测、气象等领域的研究方法与技术。

第二，调整产业结构，提高面对风险与危机的抵御和恢复能力。产业结构是反映一个国家经济发展水平高低的标准。第三产业及高新技术产业比重决定了经济发展的导向，满足了节约资源和保护环境的双重要求。因此，应从现实基础出发，加大对高新技术产业的投资，主张技术创新，寻求产业转型和战略升级，合理引导高端产业、高新技术产业、低能耗低污染产业，并加大投资力度。

第三，加强城市基础设施的完备度和冗余度建设。基础设施作为城市社会生产和居民生活的物质工程设施，能保证国家或地区社会经济活动的正常运行。在自然灾害和恐怖袭击来临时，基础设施作为承载体，会受到最直接的冲击。而基础设施系统的快速恢复对城市功能的正常运作至关重要。因此，不仅要加强基础设施建设的坚固性和完备性以抵抗外来冲击，还要保证基础设施有一定程度的冗余备份，在某些基础设施受损时，冗余系统能维持正常的功能运作。

第四，强化信息沟通机制建设，促进政府、媒体、社会民众在危机管理中的良性互动。信息时代，政府要完成的首要的治理变革就是要创造一种让媒体公正介入危机事件的秩序，保持新闻的自由度，告知公民真相，完善社会的纠错机制和自我修复机制，动员社会力量尽快参与危机应对。一是妥善处理政府与媒体的关系，政府应主动及时与媒体保持沟通，注重公共安全信息的及时发布与正面引导。同时，要注重加强对媒体的监管，对涉及公共安全信息的发布保持慎重。二是媒体作为政府和公众的代言人，要加强自我约束，发挥建设性作用，切忌以讹传讹。三是政府要加强与公民和非政府组织的合作，整合和发挥危机应对多元主体作用。总之，在危机发生后，政府应给民众更多的信心，民众应给政府更多的信任，媒体要扮演好政府与民众沟通的桥梁，形成政府、媒体、社会民众的良性互动。

以上述方法策略为基础，探讨城市在处理复杂的、不可预知的、难以确定的气候变化扰动时应采取的系统应对手段。相比于传统的城市应变应急研究，韧性城市的研究更具系统性、长效性，也更加尊重城市系统的演变规律。传统的应急应变策略重心在于短期的灾后规划，呈现出典型的破坏之后在最短时间内回复到原始状态的工程思想，没有充分考虑利益相关者在城市调整过程之中所扮演的角色和所要创造的价值。相比之下，韧性城市的研究思想则强调通过对规划技术、建设标准等物质层面和社会管治、民众参与等社会层面相结合的系统构建过程，全面增强气候变化下城市系统的结构适应性，从而长期提升城市整体的系统韧性。总而言之，韧性城市所要解决的问题主要是社会、经济和自然生态系统应对不确定扰动的适应能力。

4. 专案分析：上海韧性城市评估与发展对策

上海地处长江入海口，处于长江、东海和陆地三相交汇处，极易受到由于气候变化引发的海平面上升、极端气候事件等影响。本章以上海市为例开展上海市韧性城市评估和战略研究，内容主要包括：① 通过构建评估指标体系进行上海市城市基础设施的韧性评估、城市社会系统的韧性评估，结果表明城市基础设施建设整体情况和城市社会系统的韧性良好。② 通过地表温度反演、热岛强度（UHII）分级、温度植被指数（Temperature Vegetation Index，TVX）等方法对城市绿地生态系统应对高温的韧性进行评估，结果表明在城市化过程中，随着绿地面积的减少，地表升温呈中心城区急剧扩张至近郊及远郊区，研究区域对高温的韧性降低。③ 通过采用 GIS（地理信息系统）空间分析技术与模型计算和分析相结合的方法对上海代表性湿地生态系统的韧性进行评估，结果表明崇明东滩的韧性等级主要为中度韧性和较低韧性；南汇边滩的韧性等级主要为较低韧性和低度韧性；九段沙湿地的韧性等级主要为较高韧性和中度韧性。本章从 9 个方面提出了上海韧性城市发展的对策。

Special analysis: Assessment and development strategy for the resilient city of Shanghai

Located at the Yangtze river estuary and in the three-phase interchange place of the Yangtze River, the East China Sea and the land of eastern China, Shanghai, is highly susceptible to climate change caused by rising sea level and extreme weather events. By taking Shanghai as an example, the assessment of resilient city and strategy research of Shanghai were analyzed in this chapter. The main contents include: 1) The evaluation index systems are applied to evaluate the resilience of the Shanghai urban infrastructure and urban social system. The results showed that the resilience of urban infrastructure construction and the urban social system are satisfactory in Shanghai. 2) The earth's surface temperature inversion, heat island intensity (UHII), Temperature Vegetation Index (TVI) are employed to evaluate the resilience of urban green space to the high temperature in Shanghai. The results showed that during process of urbanization, with fewer green space area, the surface temperature rising is sharp expand in city center to the outskirts and outer suburbs, and the study area of high temperature resilience will decrease. 3) Remote sensing and spatial analysis in GIS are used to evaluate the resilience of typical wetland ecosystems in Shanghai. The results showed that the resilience of the Jiuduansha wetland is highest, followed by the Dongtan Wetland and the Nanhui beach wetland. Nine development countermeasures for the resilient city of Shanghai are also put forward in this chapter.

上海地处长江入海口，位于长江、东海和陆地三相交汇处，极易受到由于气候变化引发的海平面上升、极端气候事件等影响。高度集中的人口、资源和经济，将进一步放大气候变化所造成的损失。因此，以上海市为例，分析区域气候与城市发展各系统间的耦合关系，开展上海市韧性城市评估和战略研究，不仅对上海探索全球气候变化和快速城市化背景下的可持续发展道路具有重要的战略意义，同时对于国内外同类型城市气候变化韧性研究具有重要的借鉴意义。

4.1 城市基础设施韧性评估

4.1.1 评估方法

基础设施韧性的评价主要涉及交通及防汛两个领域，也涉及气象灾害预警和消防。结合城市气候变化韧性评估指标体系框架，采用“主题层—要素层—指标层”三层次结构，从建设情况、维护与管理、预警及应急等三个方面，构建上海市基础设施韧性评价指标体系；通过资料数据收集、系统性的调研及专家咨询，结合上海实际情况和指标数据的可获得性，确定指标（表 4 - 1、表 4 - 2）。在基础设施韧性评价指标体系递阶层次框架的基础上，通过专家对各级指标的两两比较的结果，建立判断矩阵，从而确定各级评价指标的权重（表 4 - 3）。

表 4 - 1　上海市城市基础设施韧性评估指标体系

主题层	要素层	指标层	单位	指标说明
基础设施韧性	建设情况	公路工程合格率	%	反映了市政公路工程质量安全的程度，工程质量安全度越高，其抵御极端气候的能力就越强
		海上航标正常率	%	恶劣的气候和环境条件会引起浮标位移、漂移丢失或被撞沉、航标灯损坏等，维护航标的正常运行是维持航海安全的必要保证
		防洪堤长度	km	反映城市应对气候变化引发的洪涝灾害的能力
		城市排水管道长度	km	反映城市应对气候变化引发的洪涝灾害的能力

续 表

主题层	要素层	指标层	单位	指标说明
基础设施韧性	维护与管理	江堤、海堤检修	—	及时对江堤海塘受损部分进行检修维护才能保障其正常的抵御能力
		养护疏通排水管道长度	km	管道等基础设施的及时疏通和维护可以保障其正常的排水能力，在洪涝灾害时可以更好地发挥作用
		清捞检查井数量	座	
	预警及应急	气象灾害预警时效	h	反映预警能力的提高，为城市的及时响应提供充裕时间
		单位面积消防站数量	座/km^2	反映城市安全保障能力和应急管理能力，在灾害发生后，尽可能地将损失降低到最小
		海事搜救成功率	%	

表 4-2　上海市 2001～2011 年气候变化下的基础设施韧性各指标标准值

要素层	指标层	2001	2002	2003	2004	2005	2006	2007	2008	2009	2010	2011
建设情况	公路工程合格率									1.000	0.064	0.000
	海上航标正常率	0.200	0.200	0.600	0.600	0.800	1.000	0.000	0.200	0.200	0.200	0.400
	防洪堤长度		1.000	1.000	0.560	0.558	0.558	0.000	0.187	0.187	0.154	0.887
	城市排水管道长度	0.000	0.000	0.138	0.181	0.216	0.252	0.303	0.383	0.421	0.550	1.000

注：1. 2001～2008 年公路工程合格率数据缺失。
2. 2001 年防洪堤长度数据缺失；从 2002 年起，防洪堤包括海塘。

表 4-3　上海市城市基础设施韧性评估指标体系各级评价指标的权重

主题层	要素层	权重	指标层	权重
基础设施韧性	建设情况	0.40	公路工程合格率	0.25
			海上航标正常率	0.25
			防洪堤长度	0.25
			城市排水管道长度	0.25
	维护与管理	0.30	江堤、海堤检修	0.40
			养护疏通排水管道长度	0.40
			清捞检查井数量	0.30
	预警及应急	0.30	气象灾害预警时效	0.40
			单位面积消防站数量	0.30
			海事搜救成功率	0.30

由于各指标的量纲不同，因此为了提高各指标以及各时间段的可比性，需要对原始指标进行归一化处理，得出全部的评价指标标准化处理数据，以此进行定量化评价。

4.1.2　城市基础设施韧性分析

(1) 基础设施建设情况

根据数据获取情况，对基础设施建设情况进行分析。

从各个指标进行分析[图 4-1(a)]，上海道路工程合格率总体维持在 90%以上，整体情况较好。但自 2009～2011 年，合格率呈逐年下降趋势。2001～2006 年，海上航标正常率呈波动增长趋势，2006 年达到最高值，在 2007 年降低到最低值，后呈现较为平稳的增长，但航标正常率均维持在 99%以上，整体状况良好。防洪堤长度自 2002～2007 年呈现下降趋势，在 2007～2010 年呈较为平稳的增长，在 2010～2011 年呈现快速增长，总体呈波动变化。城市排水管道长度呈现稳定的增长趋势，在 2010～2011 年的增长速度明显加快。基础设施发展情况及其要素层的变化趋势见图 4-1(b)，可见其趋势为波动上升。

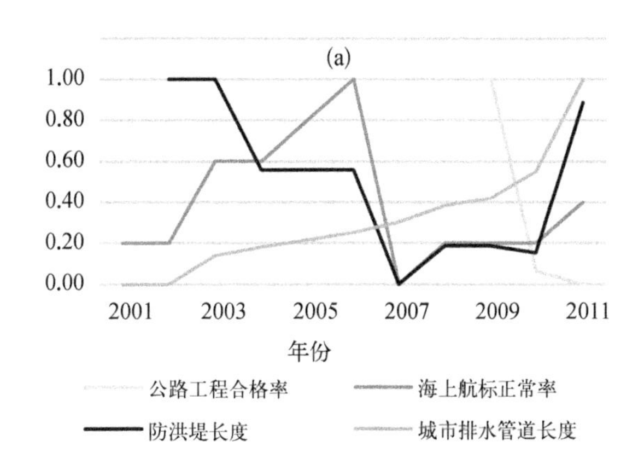

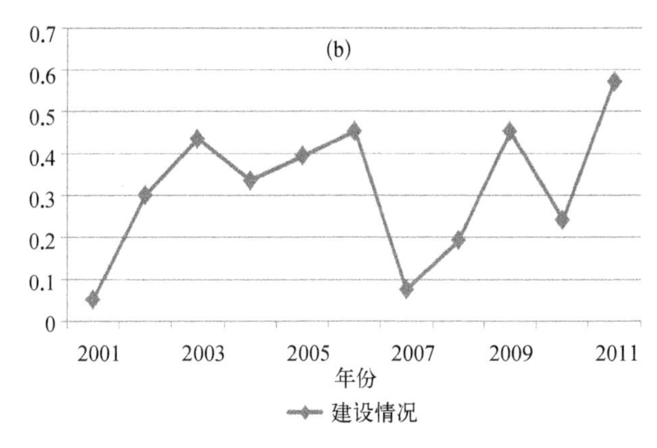

图 4-1　上海市基础设施建设情况

注：缺失数据暂以 0 计。

(2) 防汛领域要素气候变化韧性空间评价

借鉴国内外先进研究经验，结合上海市的基本情况，开展针对上海市防汛领域气候变化韧性的空间评价，选取江堤标准、海堤标准、排水能力和轨交站点出入口台阶高度达标率 4 项指标评估上海市防汛领域气候变化下的韧性。

1）江堤标准

根据上海市水务局相关信息，黄浦江防汛墙全长490 km，其中下游段（市区）298 km，按千年一遇潮位设防；上游干流及支流段192 km，按50年一遇的防洪标准设防，黄浦江两岸已形成从吴淞口到江浙地界的全封闭线。上海市江堤分布如图4-2所示。江堤标准越高，韧性越高。

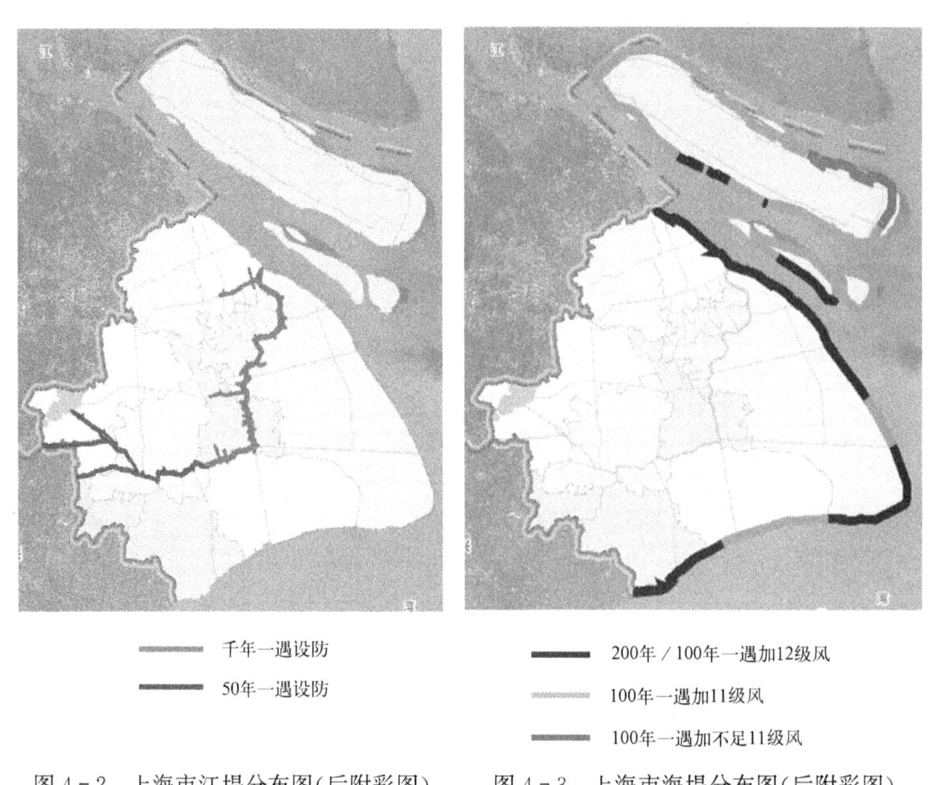

图4-2 上海市江堤分布图（后附彩图） 图4-3 上海市海堤分布图（后附彩图）

2）海堤标准

上海市海堤分布图如图4-3所示。

全市已建成一线海塘523.484 km，其中达到200年一遇潮位加12级风标准的有共114.775 km，占22%，韧性高；达到100年一遇潮位加11级以上风防御标准的共296.273 km，占56.6%，韧性较高；其余111.417 km则是100年一遇潮位加不足11级风的防御能力，占21.3%。

全市523 km一线海塘中的崇明、长兴、横沙三岛和宝钢、浦东国际机场、化学工业区、上海石化等重要地段，是防御的重中之重。

3）排水能力

泵站工程在解决洪涝灾害、干旱缺水、水环境恶化当今三大水资源问题中起着其他水利工程不可替代的作用，承担着防洪、供水、除涝等重任，在城市气候变化韧性建设中，占有非常重要的地位。

根据上海市水务局提供的相关资料，获取上海市2006年部分区域的排水泵站分布信息及圩区分布信息，从而计算出上海市部分区域的排水能力(排水能力=各区域排水泵站个数/圩区面积)，得到的上海市静安、杨浦、虹口、徐汇、长宁、闵行等区的排水能力分布图(图4-4)。由图可见，静安、普陀、原闸北、杨浦等区域的排水能力较强，韧性相对较强；宝山、徐汇、长宁各区的排水能力相对较弱，面对暴雨洪涝等灾害时韧性较弱，需加强该区域的防洪基础设施建设。

4) 轨交站点出入口台阶高度达标率

上海是典型的感潮河口城市，地下轨道出入口台阶高度是抵御积水倒灌的主要途径，台阶高度达标率越高，其抵御极端气候的能力就越强，气候变化韧性也越强。

图4-5为各区县轨道交通出入口台阶高度的达标情况分布图。由图可知，浦东、松江、黄浦、虹口区轨交站点出入口台阶高度达标率处于较高水平，都在0.9以上，韧性较高；而青浦区、原闸北区的达标率都在0.5以下，其中青浦区的站点出入口台阶达标率仅为0.1，须加强地下轨交站点防汛管理，尽快完善不达标出入口的台阶建设工作(注：崇明区、金山区、奉贤区内无轨交站点)。

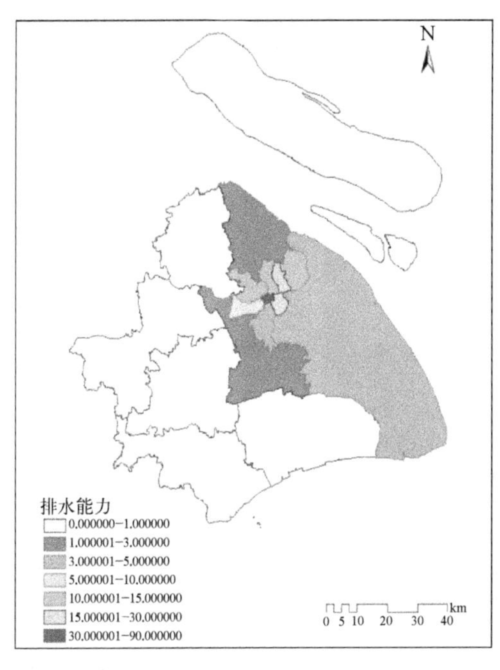

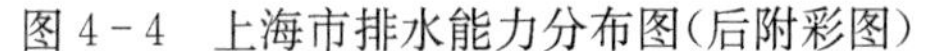

图4-4　上海市排水能力分布图(后附彩图)

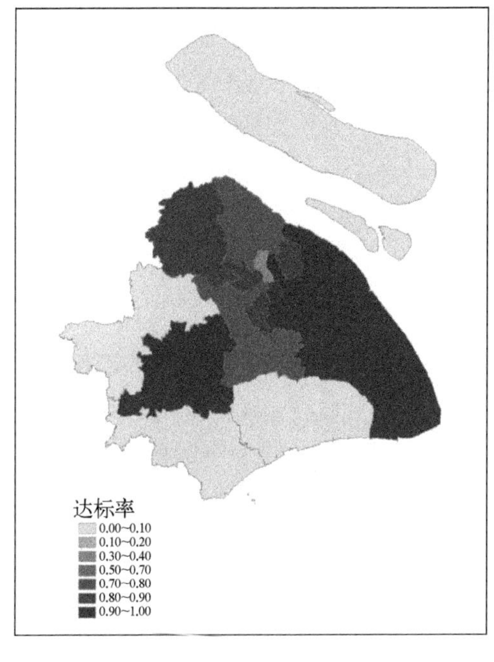

图4-5　上海轨道交通出入口台阶高度达标情况分布(后附彩图)

4.2 城市经济社会系统韧性评估

从经济和公共服务两个方面，对城市经济社会系统韧性进行评估。气候变化下的经济韧性主要从经济总量与结构、投资力度、经济效率和技术创新四个方面进行衡量；气候变化下的公共服务建设水平从社会保障、医疗卫生及教育、风险分担与转移三个角度切入分析。建立表 4－4 所示的评估指标体系。

表 4－4 上海市城市经济社会系统韧性评估指标体系及权重

主题层	要素层	权重	指标层	权重	单位	指标说明
经济应对能力	经济总量与结构	0.30	人均 GDP	0.40	万元/人	用来反映经济状况，一般经济水平越高，应对气候变化的能力越强
			第三产业比重	0.30	%	城市发展的经济结构指标，经济结构的调整是城市应对气候变化的重要适应措施
			高新技术产业占比	0.30	%	
	投资力度	0.20	交通运输及市政建设投入占比	0.50	%	反映上海提升城市设施水平，提高应对能力的指标
			环保投入占 GDP 比重	0.50	%	用来反映上海对环境的治理能力
			单位面积农田粮食产量	0.30	t/hm^2	通过提升农作物种植的效率和产出抵消气候变化可能带来的农作物减产问题，保障粮食供给
	经济效率	0.20	人均日居民生活用水量(负向指标)	0.20	L/天	通过节水措施的应用和居民、企业意识的提高，降低用水量，提高利用效率，应对气候变化可能带来的水资源危机
			单位用水量工业产值	0.25	万元/m^3	
			单位能耗工业产值	0.25	万元/吨标准煤	通过生产技术改进，企业意识的提高，节约能源，应对气候变化引发的能源用量增加问题
	技术创新	0.30	R&D 投入占 GDP 比重	0.57	%	通过科学技术的创新，新技术的不断推广应用，提升城市应对气候变化的能力
			已推广应用科技成果占比	0.43	%	
公共服务水平	社会保障	0.40	城镇居民生活保障最低标准	0.40	元	反映城市整体生活水平的提高，一般生活水平越高，应对气候变化的能力越高
			养老床位占 60 周岁及以上老年人比例	0.30	%	老年人为脆弱人群，通过改善老年人的生活水平和社会保障水平，降低城市的暴露度和脆弱性
			获得政府补贴的老年人数	0.30	万人	
	医疗卫生及教育	0.30	医疗机构密度	0.57	个/km^2	从医疗机构数量的角度，反映城市应对气候变化的医疗水平
			普通高等学校录取率	0.43	人/万人	反映公众应对气候变化的能力，一般文化程度越高，应对能力或提升应对能力的潜力越强

续 表

主题层	要素层	权重	指 标 层	权重	单位	指 标 说 明
公共服务水平	风险分担与转移	0.30	保险保费收入	0.50	亿元	反映公众运用风险转移措施应对气候变化引发灾害意识的提高
			保险赔付支出	0.50	亿元	反映保险公司的赔偿力度，赔偿力度越大，公众的损失相对越小

4.2.1 经济应对能力评估

(1) 经济总量与结构

上海市2001～2011年应对气候变化经济总量与结构的三个指标标准值如表4-5所示，变化趋势见图4-6。从各指标的变化而言，人均GDP在2011年达到最高，2001年最低，2001～2011年呈持续增长态势。第三产业比重在2009年最高，2004年最低；高新技术产占比则在2004年最高；近年来，上海市高新技术重点领域产业产值基本达到10%以上增长，但增长速度低于工业总产值。第三产业比重和高新技术产业占比是城市发展的经济结构指标，经济结构的调整是城市应对气候变化的重要适应措施。总体而言，2001～2011年，各指标呈增长态势，上海市第三产业比重表现为波动上升的趋势，高新技术产业占比则有所下降。上海市经济水平持续提高，应对气候变化的能力增强；经济结构调整和技术进步，使得经济增长方式得到转变，降低资源和能源消耗，推进清洁发展，加强技术支撑，提高经济结构方面对气候变化的韧性。

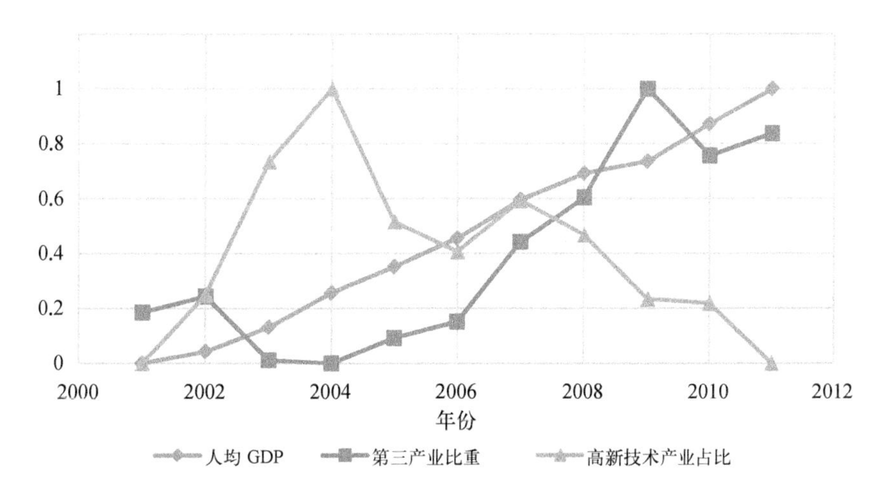

图4-6 上海市2001～2011年应对气候变化的经济总量和结构变化情况

表 4-5 上海市 2001～2011 年气候变化下的经济应对能力变化各指标标准值

要素层	指标层	2001	2002	2003	2004	2005	2006	2007	2008	2009	2010	2011
经济总量与结构	人均 GDP	0.000	0.043	0.132	0.257	0.352	0.454	0.596	0.692	0.736	0.872	1.000
	第三产业比重	0.186	0.244	0.012	0.000	0.093	0.151	0.442	0.605	1.000	0.756	0.837
	高新技术产业占比	0.000	0.250	0.734	1.000	0.516	0.406	0.594	0.469	0.234	0.219	0.000
投资力度	交通运输及市政建设投入占比	0.039	0.000	0.725	0.850	0.854	0.849	0.943	1.000	0.884	0.916	0.971
	环保投入占 GDP 比重	1.000	0.474	1.000	0.632	0.684	0.158	0.105	0.474	0.947	0.263	0.000
经济效率	单位面积农田粮食产量	0.686	0.434	0.000	0.215	0.265	0.666	0.644	0.794	0.958	0.904	1.000
	人均日居民生活用水量	0.000	—	—	—	0.855	0.807	0.771	0.723	0.687	0.952	1.000
	单位用水量工业产值	0.000	0.048	0.140	0.210	0.261	0.353	0.430	0.584	0.656	0.851	1.000
	单位能耗工业产值	0.000	0.060	0.217	0.367	0.390	0.493	0.606	0.716	0.689	0.871	1.000
技术创新	R&D 投入占 GDP 比重	0.000	0.063	0.169	0.296	0.437	0.535	0.542	0.627	0.789	0.789	1.000
	已推广应用科技成果占比	0.183	0.000	0.112	0.452	0.467	0.687	0.308	0.285	0.948	0.803	1.000

注:"—"表示由于数据缺失无法标准化。

(2) 投资力度评价

上海市 2001～2011 年应对气候变化投资力度发展的两个指标标准值如表 4-5 所示,变化趋势如图 4-7。从各指标进行分析,交通运输及市政建设投入占比反映上海提升城市设施水平,是提高应对能力的指标,投资力度越大,其抵御风险、适应气候变化的能力越大。2001～2011 年,上海市交通运输及市政建设投入占比稳中有

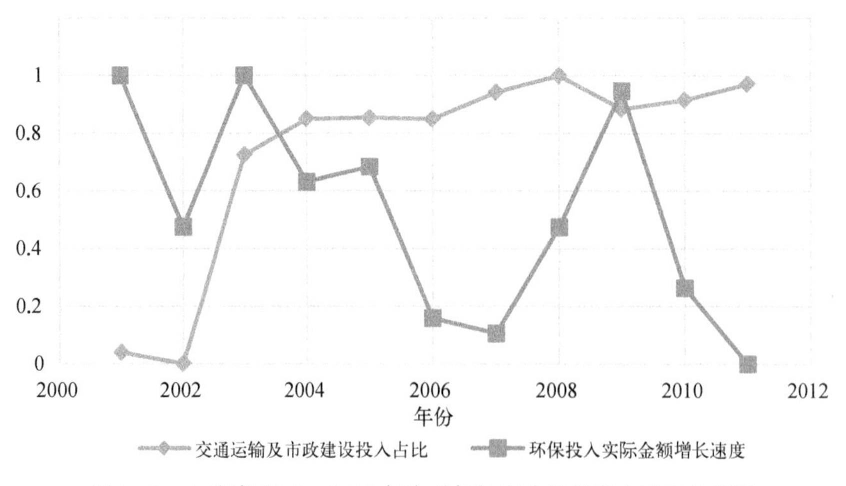

图 4-7 上海市 2001～2011 年应对气候变化的投资力度变化情况

升，基础设施建设不断完善，气候变化适应性逐渐增强。环保投入占 GDP 比重是反映上海对环境的治理能力的指标，当该指标达到 2%～3%时，才能控制环境污染，环境质量有望得到明显改善。2001～2011 年，上海市环保投入占 GDP 比重维持在 3%左右，高于全国平均水平，其中 2001 年和 2003 年达到最高。环保投入实际金额增长速度低于 GDP 增长速度，故该指标在 2011 年达到最低值。统计资料显示，近年来，上海市对环保的重视程度逐渐增加，环保产业得到了较快速发展，适应性有所提高，但与发达国家相比，环保投入仍需加强，才能满足发展中的环境保护需求，扭转当前环境恶化的趋势，进一步提高气候变化的适应性。

(3) 经济效率发展评价

上海市 2001～2011 年应对气候变化投资力度发展的四个指标标准值如表 4-5 所示，变化趋势如图 4-8。

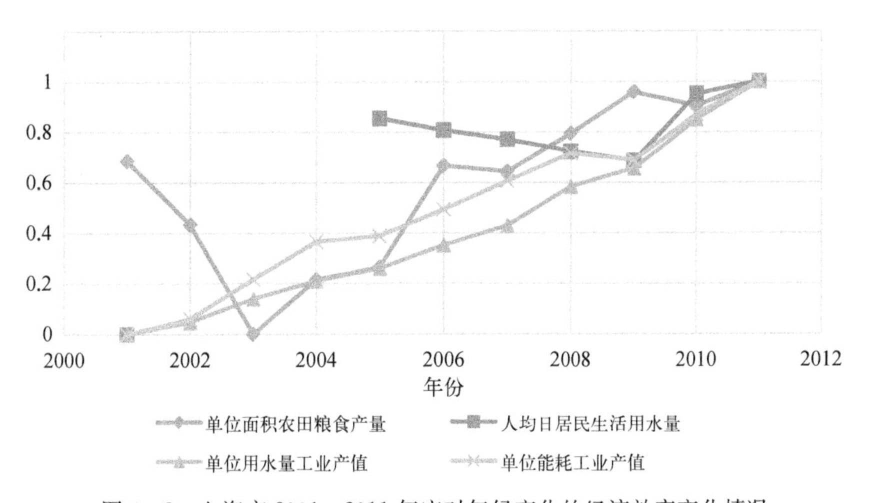

图 4-8 上海市 2001～2011 年应对气候变化的经济效率变化情况

各指标分析结果如下。

单位面积农田粮食产量：属于经济效率指标，表示通过提升农作物种植的效率和产出抵消气候变化可能带来的农作物减产问题，保障粮食供给。2001～2011 年，上海市单位面积农田粮食产量呈现波动变化，总体为上升趋势，提高农作物种植效率抵消了耕地面积减小的影响，保障了粮食供给。但近年来，上海市耕地面积逐年下降，应坚守生态红线，保障耕地，并加大科技投入，保障粮食生产，确保粮食产出，以增强气候变化适应性。

人均日居民生活用水量及单位用水量工业产值：水资源利用是提高气候变化适应性的关键领域之一。通过节水措施的应用和居民、企业意识的提高，降低用水量，提高利用效率，应对气候变化可能带来的水资源危机。可看出近年来，上海市居民人均日生活用水量呈下降趋势，且低于往年预测水平；2001～2011 年，单位用水量工业产值明显提升，表明水资源利用效率得到提升，应对气候变化的适应能力得到加强。

单位能耗工业产值：能源领域是应对气候变化的重点领域之一。经济发展带来能源消耗增加，通过生产技术改进，企业意识的提高，节约能源，应对气候变化引发的能源用量增加问题。2001～2011年，上海市能耗总体上升，但单位能耗工业产值稳步上升，万元工业增加值能耗大幅降低，能源利用效率提高，对气候变化适应性起到提升的作用。

(4) 技术创新发展评价

上海市2001～2011年应对气候变化技术创新发展的两个指标标准值如表4-5所示，变化趋势如图4-9。

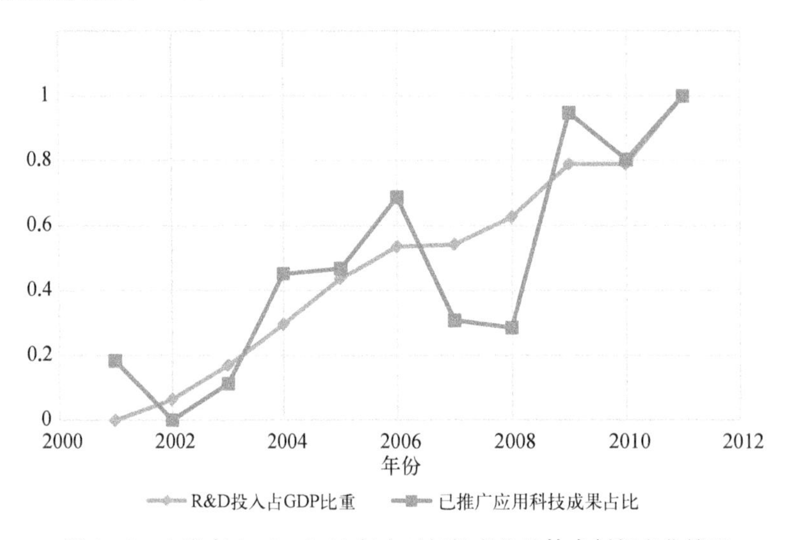

图4-9 上海市2001～2011年应对气候变化的技术创新变化情况

R&D投入占GDP比重逐年增加，已推广应用科技成果占比亦呈上升趋势。这表明，通过科学技术的创新，新技术的不断推广应用，提升了城市应对气候变化的能力。按照国际惯例，R&D投入占GDP比重2%是“创新驱动”的标志之一，而上海已“先行一步”，高于全国平均值。国际上根据驱动力不同，将一个国家或地区的社会发展分为资源驱动、资本驱动和创新驱动。显而易见，“靠山吃山，靠水吃水”的资源驱动型和依靠盖高楼、建马路拉动社会经济发展的资本驱动型，已无法满足上海增强城市国际竞争力的需求、无法适应气候变化的挑战。要想率先进入“创新驱动城市”的行列，R&D投入必须超过GDP总量的2%。目前世界上主要发达国家的R&D投入强度普遍在2%以上，早在2006年，芬兰、以色列等中小型科技强国已超过3%。2011年，上海市R&D投入占GDP比重为3.11%，迈入“创新驱动”的门槛。

4.2.2 公共服务水平评估

上海市2001～2011年应对气候变化公共服务水平的7个指标标准值如表4-6

所示。从各指标的变化而言，养老床位占60周岁以上老年人比例、保险保费收入在2010年达到最高，其他指标均在2011年最高；除卫生机构数量外，其他指标均在2001年最低。普通高等学校录取率在2003～2008年呈现波动变化状态，在2003～2004年间呈现快速的上升，2004年和2005年相对平稳，在2005～2006年呈现快速的下降，2007年的录取率基本与2002年相平。总体而言，2001～2011年，各指标呈现出持续增长的趋势。

表4-6 上海市2001～2011年气候变化下的公共服务水平各指标标准值

要素层	指标层	2001	2002	2003	2004	2005	2006	2007	2008	2009	2010	2011
社会保障	城镇居民生活保障最低标准	0.000	0.044	0.044	0.044	0.089	0.178	0.311	0.533	0.644	0.756	1.000
	养老床位占60周岁及以上老年人比例	0.000	0.070	0.124	0.135	0.351	0.514	0.676	0.784	0.838	1.000	0.946
医疗卫生及教育	获得政府补贴的老年人数	0.000	0.031	0.048	0.110	0.270	0.427	0.496	0.766	0.969	0.977	1.000
	卫生机构数量	—	0.099	0.000	0.248	0.200	0.192	0.315	0.472	0.668	0.915	1.000
	普通高等学校录取率	0.000	0.445	0.471	0.730	0.734	0.487	0.521	0.664	0.714	0.773	1.000
风险分担与转移	保险保费收入	0.000	0.082	0.156	0.180	0.218	0.322	0.430	0.597	0.689	1.000	0.814
	保险赔付支出	0.000	0.050	0.104	0.144	0.219	0.237	0.455	0.655	0.622	0.702	1.000

注：由于2002年开始执行新的《中国卫生统计调查制度》，因此对2001年的数据不做分析。

公共服务水平及其要素层的变化趋势见图4-10。2001～2011年上海市在应对气候变化的公共服务水平上呈现出较大幅度的提升。医疗卫生及教育水平在2004～2007年发展较为缓慢，2008年开始呈现稳步提高发展态势，主要受普通高等学校录取率变化的影响。整体公共服务水平以2001年的水平最低，2011年的水平最高，应对气候变化的能力逐渐增强。

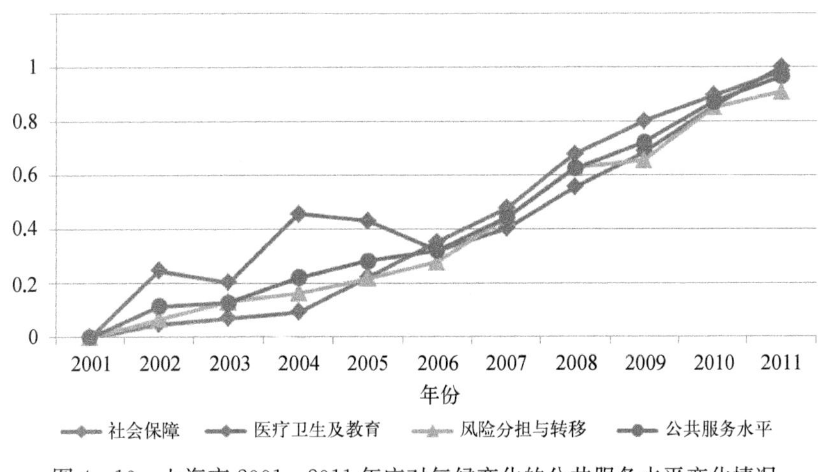

图4-10 上海市2001～2011年应对气候变化的公共服务水平变化情况

4.3 城市绿地系统韧性评估

4.3.1 评估方法

本节研究技术路线如图 4－11 所示。主要研究方法包括：

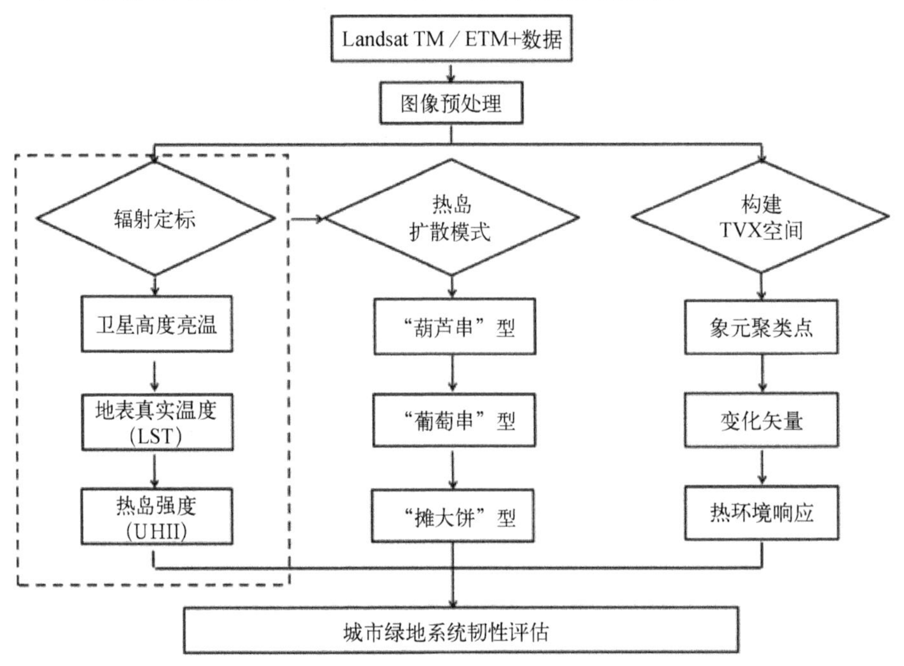

图 4－11 城市绿地系统韧性评估技术路线

① 地表温度反演。运用基于影像的反演算法反演地表温度(LST)并计算热岛强度以总结研究区间内区域热岛扩散模式。

② 热岛强度(UHII)分级。共定义两种热岛强度，分别为：$\Delta T1$：中心城区与远郊区地表温度之差；$\Delta T2$：近郊区与远郊区地表温度之差。根据热岛强度值的范围，共划分为 5 个强度等级，分别为：① 一级，$\Delta T \leqslant 0$℃；② 二级，0℃$<\Delta T \leqslant 1$℃；③ 三级，1℃$<\Delta T \leqslant 2$℃；④ 四级，2℃$<\Delta T \leqslant 3$℃；⑤ 五级，$\Delta T>3$℃。

③ 温度植被指数(TVX)空间构建：采用 TVX 空间法评估土地利用/覆盖演替引起的城市热环境响应。以地表温度和植被指数分别作为横、纵坐标构建 TVX 空间。

4.3.2 绿地应对高温的韧性评价

(1) 上海城市热岛分布特征及扩散模式

对 1997～2009 年研究区域热岛强度的分布状况进行分析(图 4－12)。经与研

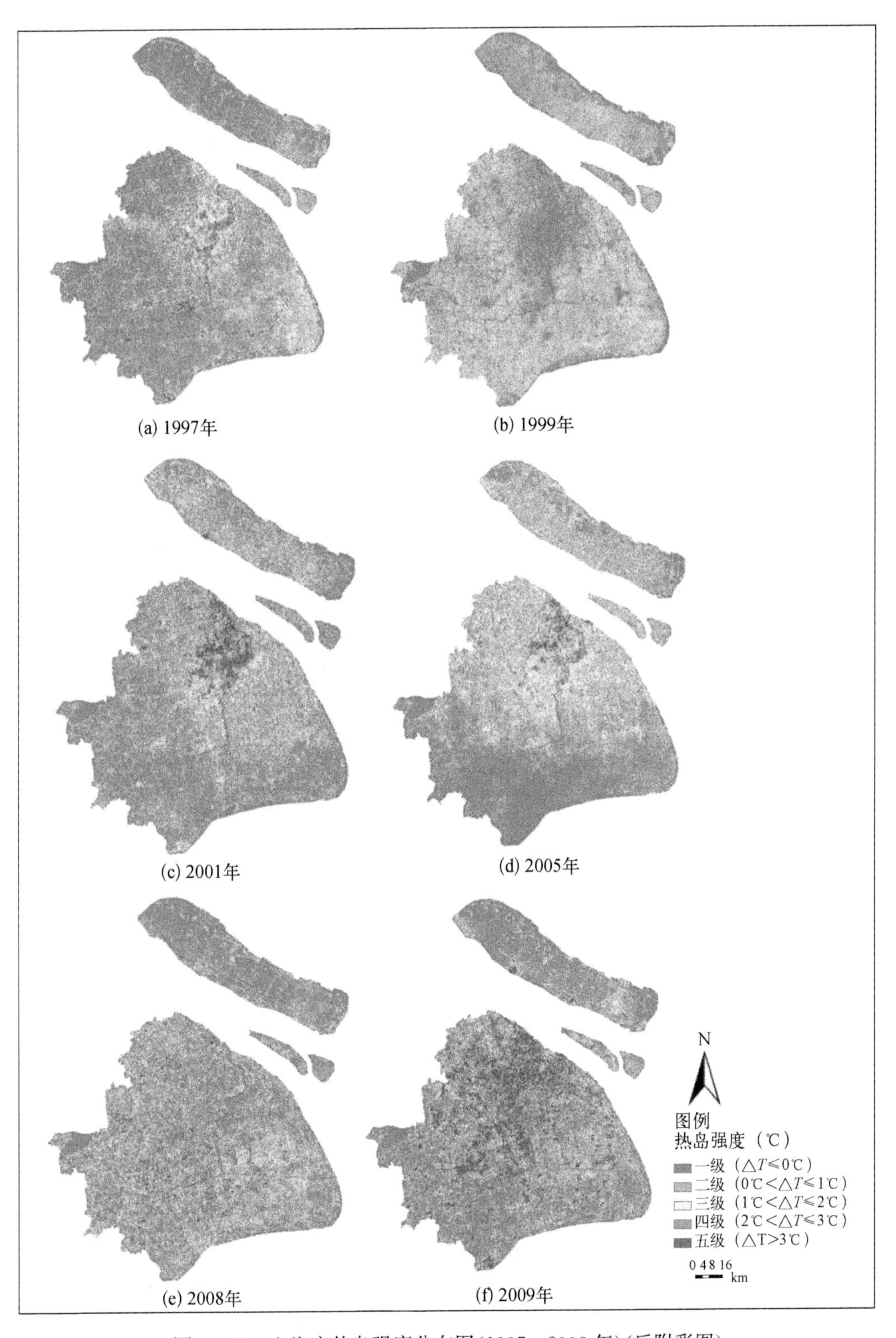

图 4-12　上海市热岛强度分布图(1997～2009 年)(后附彩图)

究区域内气象站相应时段内地表温度测量值进行对比，测量点所在区域的平均地表反演温度值与实测地表温度的误差不超过 1.5℃。结合土地利用/覆盖类型图可看出，热岛强度较强的区域（如中心城区、城区边缘及新城区域）通常具有较高的建设用地比例，而林地、耕地和水域比例较高的区域则呈现出较低的热岛强度；这说明城市化进程是城市热岛形成的主要影响因素。通过计算中心区、近郊区、远郊区的平均地表温度（图 4-13）可看出，在研究区间内的多数年份，地表温度呈现出中心—近郊—远郊的梯度趋势。

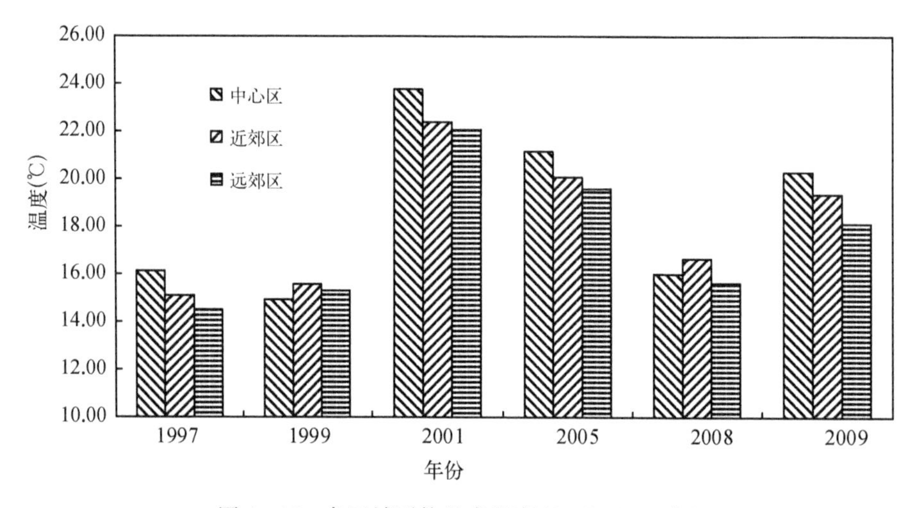

图 4-13 各区域平均地表温度（1997～2009 年）

其中，通过 1999 年 11 月 3 日和 2008 年 3 月 24 日的遥感影像反演出的地温，近郊区的平均地表温度高于中心区和远郊区，这与其遥感影像的获取季节有关。

在城市化进程中，城区和郊区的热环境随着下垫面结构的变化而变化，建设用地中大量使用的建筑材料改变了自然地表的格局和热力学特征，使得地表温度升高。另外，高热岛强度普遍分布在工业区和人口密集区，说明城市中的人为热排放也是造成热岛效应的主要原因。绿地的降温效应能增强城市在应对高温和热岛效应中的韧性：绿色植被能通过蒸腾作用把吸收的太阳辐射能由显热变为隐热，继而达到降温作用；另外，少量太阳辐射通过植物的光合作用被转化为化学能，使得可用于加热下垫面的空气能量减少，从而产生降温效应。以草本植被为主的农田，在吸收太阳辐射能和转化热量方面不如乔灌木组成的绿地，因此降温效应次于绿地。

为系统分析 1997～2009 年上海市热岛扩散的模式，假设热岛强度等级为四级（$2℃<\Delta T\leqslant 3℃$）和五级（$\Delta T>3℃$）的区域分别为次高温区及高温区，对热岛现象较明显的 1997 年、2001 年、2005 年、2009 年的高温区分布状况进行研究，可将其变化特征概括为以下几种模式（图 4-14）。

1997 年，高温区和次高温区主要分布于中心城区，并沿主城区周边呈环状结构向外增长，覆盖到近郊区的嘉定、青浦、松江、南桥等新城，以及远郊区的崇明、金山、

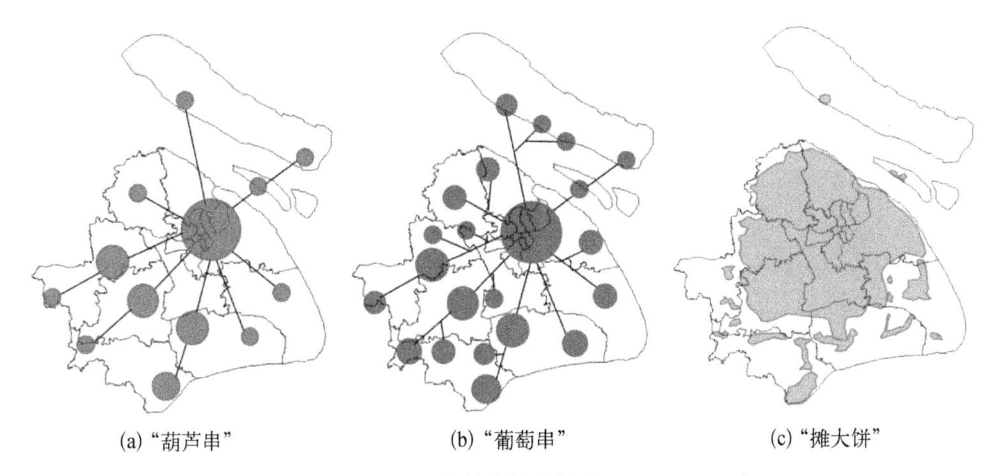

图 4-14　上海市城市热岛扩散模式(1997～2009 年)

陈家镇、枫泾镇等新城和新镇。这些区域形成的热岛沿着中心城区与卫星城镇之间的主干道形成了"葫芦串"型热岛分布模式。

2001 年，高温区及次高温区的比例有所上升，其所覆盖区域围绕中心城区呈圈状扩散，并有明显的北拓趋势。此时城市建成区的温度不再平稳分布，而是凸现了大量高温区。随着新城和新市镇的不断建设，原有的"葫芦串"模式逐渐演变为"葡萄串"模式，北部的明珠湖、向化镇、凤凰镇，东部的惠南镇、奉城镇，西部的华新镇、徐泾镇，西南部的朱泾镇等地区成为新的热场分布点。到了 2005 年，全市高温区面积比例有所减少，青浦城区、张江高科技园区、奉贤区减少尤为明显，而沿中心城区一带的闵行区、浦东新区、宝山区却有所增加。高温区面积减少与 2000～2004 年上海大力加强绿化建设密切相关。2004 年，上海全年新建公共绿地 1 529 hm^2，绿化覆盖率达到 36%，人均公共绿地面积达到 10 m^2，建成 400 m 宽环城绿带、闵行区体育公园、梦清园等 16 块大型公共绿地，这对缓解全市热岛效应起到了积极作用。

在城市化建设过程中，上海市建设中心逐渐从中心城区急剧扩张至近郊及远郊区，全市的热中心也随之从城区蔓延至郊区各新城及新市镇。到了 2009 年，全市高温区和次高温区呈现出网络状大面积扩展趋势，散状分布的热中心遍布中心区、市区边缘，并蔓延至郊区各卫星城镇，中心城区和郊区的热场连成一体，形成"摊大饼"状的发展趋势。

(2) 基于 TVX 指数的空间评价

1997～2009 年，上海市建设用地扩张占据了较多的耕地、林地和水域，故主要针对这三种土地利用类型的变化进行分析。通过 1997～2009 年区域地类转变前后地表温度和植被指数的前后对比，可以得出其中存在的"生态变化—环境响应"机制。在城市化早期，林地和耕地的聚类点主要位于 TVX 空间的左上角，对应较高的植被指数和较低的地温；水域主要位于空间的左下角，对应较低的植被指数和地温。随着林地、耕地

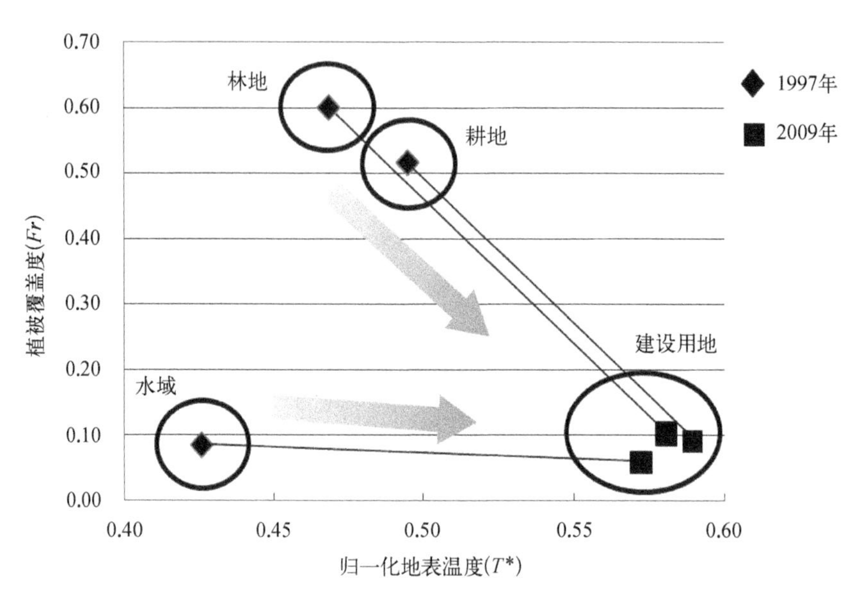

图 4-15 TVX空间及各地类聚类点变化矢量

和水域被建设用地不断被侵占，被占用的土地利用类型均沿其向量轨迹向空间右下角移动，象元的终点位置具有低植被指数、高地表温度的特征。经计算，1997～2009年，各土地利用/覆盖类型的植被覆盖度和地表温度变化依次为：林地，$\Delta Fr=-0.50$，$\Delta T^*=0.11$；耕地，$\Delta Fr=-0.43$，$\Delta T^*=0.09$；水域，$\Delta Fr=-0.02$，$\Delta T^*=0.14$（ΔFr为植被覆盖度变化，ΔT^*为地表温度变化）。表明城市化过程中，以牺牲生态用地为代价的建设用地扩张导致了地表温度的上升和植被覆盖度的减小（图4-15）。

从象元的空间轨迹可以看出，由非建设用地转变而成的建设用地，其热环境和植被覆盖特征也有所不同。由林地和耕地转变而来的建设用地，绿色特征相对明显；而由水体转化而来的建设用地温度相对较低，植被覆盖度也偏低。因此各象元在进行地类转化后，仍保留着较小部分的原始特征。

通过土地利用/覆盖变换矩阵计算得到1997～2009年研究区内各用地类型的转换情况（图4-16）。由图可知，剧烈的土地利用变化主要发生在中心城区边缘及近郊区，如浦东北部、闵行、奉贤、松江、青浦东北部、嘉定等区域，这些区域主要发生了由林地、农田转化为建设用地的变化。对照图4-17的工业用地布局，可知生态用地到建设用地的转变过程主要发生在城镇工业地块、工业园区及工业基地等地区。各类生态用地转变为建设用地，其变化幅度依次为：林地>耕地>水域，由此得出，生态用地的大规模减少使区域的地表温度上升，由林地转化为建设用地所引起的地表热环境变化幅度最大。随着绿地面积的减少，研究区域对高温的韧性降低。

近年来在欧洲和北美发展迅速的绿色基础设施理念，提供了社会、人口和生态发展挑战下的城市规划新模式。绿色基础设施建设符合生态文明建设要求下社会、生态、经济及人口等各方面发展的功能组成内容，而且可以给城市提供一种增加“绿

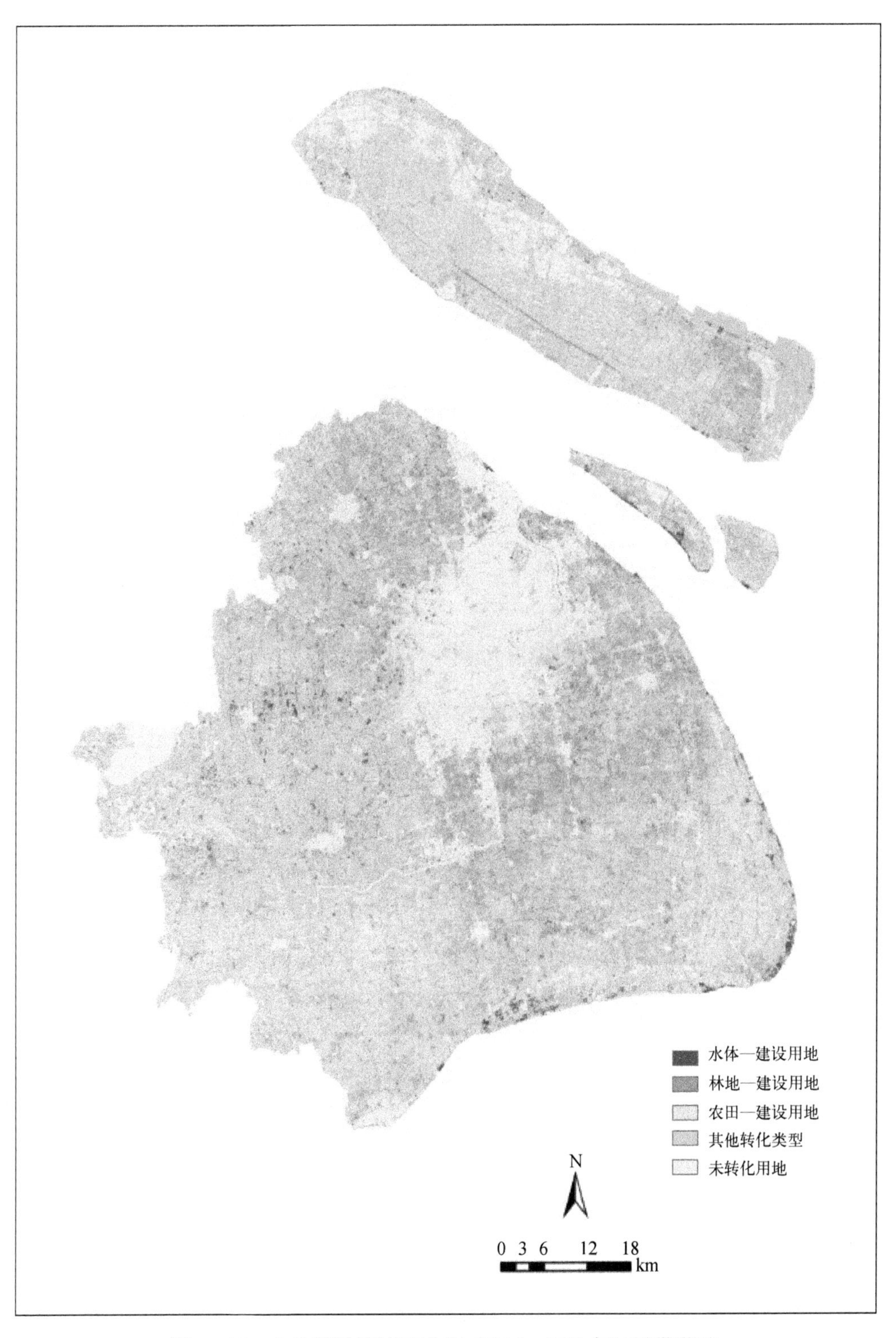

图 4-16　土地利用/覆盖变化图（1997～2009 年）(后附彩图)

图 4－17 上海市工业用地现状图(2011)(后附彩图)

资料来源:《上海市城市总体规(1999～2020)实施评估研究报告》。

色”部分以满足可持续发展需求的新途径。在城市绿化用地有限的前提条件下,可通过对绿色基础设施的合理配置及规划,达到生态效应和社会效应共赢的目的。例如,可以借鉴美国、日本、加拿大、德国等国家的经验通过政策鼓励来发展屋顶绿化技术,也可通过对城市绿地空间分布的合理布置(如调整其总体覆盖率、布局、形状和个体面积),选择具有最大降温效应的绿地配置方式来缓解热岛效应。城市绿色基础设施建设需立足现状,通过对城市绿色资源的整合和分析,并兼顾城市未来的发展需要,建成巨型城市绿色空间网络,同时合理规划,避免无序新建造成的经济浪费。

4.4 湿地生态系统韧性评估

上海位于长江入海口，拥有丰富的滩涂湿地资源，也是我国重要的河口滩涂分布区。上海滩涂湿地占上海湿地总面积的 95%左右，是上海市最重要的湿地类型，主要分布在崇明、横沙岛、长兴岛边滩，杭州湾北岸，宝山、浦东边缘以及九段沙湿地等区域(表 4-7、图 4-18)。

表 4-7 上海市滩涂湿地分布

类型	名称	分布范围	备注
大陆边滩	宝山边滩	吴淞口北至浏河口	含铜沙沙咀
	浦东边滩	吴淞口至浦东机场	
	南汇边滩	浦东机场至汇角	
	杭州湾北岸边滩	西始于金丝娘桥，东至南汇的汇角	
岛屿周缘边滩	崇明东滩	北八滧港起向东、南至西家港	含佘山岛
	崇明岛周缘边滩	除东滩外，崇明岛北缘、西缘以及南缘滩涂	北含黄瓜沙、南含扁担沙
	长兴岛周缘边滩	主题为长兴岛北部以及西部滩涂	含青草沙、中央沙以及新浏河沙
	横沙岛周缘边滩	主要位于横沙岛东部滩涂	含横沙浅滩和白条子沙
江心沙洲	九段沙	位于横沙岛与川沙、南汇边滩间	含江亚南沙

滩涂湿地是位于海岸带并受海洋潮汐影响的淤泥质湿地，在生物多样性的维持、净化水体、食物生产、调节气候、固碳、保堤护岸以及提供观光、娱乐休闲等方面具有重要的生态服务功能。目前国内外专门对湿地韧性的研究较少，尤其对滩涂湿地韧性的研究比较少。对于湿地的研究主要涉及湿地健康评价、时空演化、湿地土地资源研究、湿地土地利用演化分析以及湿地生态恢复。至于对其韧性的研究，如 Frieswyk 等(2005)以入侵物种和自然水位波动对湖岸湿地生态系统的影响为研究对象，评价湿地韧性；张丽等(2012)引用 Robert 的城镇周边湿地恢复潜力分析模型，利用 GIS 空间分析功能，结合地势、土壤类型、水量等因素，分析了北京的湿地韧性潜力；胡文秋(2013)将黄河三角洲湿地作为主要研究区域，进行了基于 RS 和 GIS 的退化湿地生态系统的韧性研究。同时，国内对于滩涂湿地的研究内容主要包括滩涂湿地时空动态分析、生态服务功能研究、健康评价、滩涂盐沼植被的分布格局以及时空动态研究等。

4.4.1 评估方法

本研究将 GIS(地理信息系统)空间分析技术与模型计算和分析相结合，构建指标体系(表 4-8)，采用 Robert 湿地恢复潜力估算模型，对上海市滩涂湿地生态系统韧性进行评估。

图 4-18 上海市滩涂湿地分布图

表 4-8 上海滩涂湿地生态系统韧性评价指标体系

目标层 A	准则层 B	指标层 C
上海市滩涂湿地生态系统韧性评价	B_1社会	C_1人口密度
		C_2土地利用
		C_3圈围比例
	B_2水文	C_4综合水质标示指数
		C_5河网密度
	B_3土壤	C_6SQI 指数
	B_4植被	C_7 NDVI 指数
		C_8外来物种互花米草的比例

续 表

目标层 A	准则层 B	指标层 C
上海市滩涂湿地生态系统韧性评价	B_5多样性	C_9底栖动物多样性指数 C_{10}浮游植物多样性指数 C_{11}浮游动物多样性指数

4.4.2 上海主要湿地生态系统韧性评估

对崇明东滩、南汇边滩和九段沙湿地的生态系统韧性进行评估。利用 Robert 湿地恢复潜力估算模型，对上海滩涂湿地中的三种滩涂湿地生态系统韧性进行估算，并将结果按照如下韧性等级（表 4－9）对滩涂湿地韧性等级进行分析。

表 4－9 上海滩涂湿地生态系统韧性等级

级别	高度韧性	较高韧性	中度韧性	较低韧性	低度韧性
标准	＞90	90～70	70～50	50～20	20～0

4.4.3 评估结果分析

将韧性估算得到的结果按各湿地在不同韧性等级下的面积和其所占比重表示，得到图 4－19。

由韧性评价结果可见，这三种湿地的韧性等级分布有较大的区别。崇明东滩的韧性等级主要为中度韧性和较低韧性，其韧性等级所对应区域面积比重分别为 74.65％和 25.35％。南汇边滩的韧性等级主要为较低韧性和低度韧性，其韧性等级所对应区域面积比重分别为 65.88％和 32.12％。九段沙湿地的韧性等级主要为较高韧性和中度韧性，其面积比重分别为 16.77％和 83.23％。因九段沙还没有受到开发建设的影响，其土地利用类型没有变化，整个区域都属于滩涂类型。对比以上三种湿地的韧性分布情况，韧性最高的是上海滩涂湿地中作为唯一的江心沙洲的九段沙湿地，而作为大陆边滩的南汇边滩湿地生态系统韧性情况不容乐观。其原因在于，受到城市化、滩涂围垦等影响，土地利用方式带来的威胁较大，而且土地利用类型转移分析中已发现大部分滩涂转变为耕地，农业生产中使用的农药也是湿地中水体污染的主要原因。同时，圈围现象很严重，南汇边滩 90％以上的区域已被圈围；再者，外来物种互花米草入侵对南汇边滩韧性的影响也较大，在指标标准化过程中发现，南汇边滩在这一指标上的得分较低；同时，因南汇合并至浦东新区以后，面临浦东新区不断开发的情况，周围工业区开发对南汇边滩水质和土壤的污染较严重，这些原因都导致了南汇边滩的难恢复性。

而作为岛屿边滩的崇明东滩韧性整体上为中等韧性，影响其韧性的因素主要为

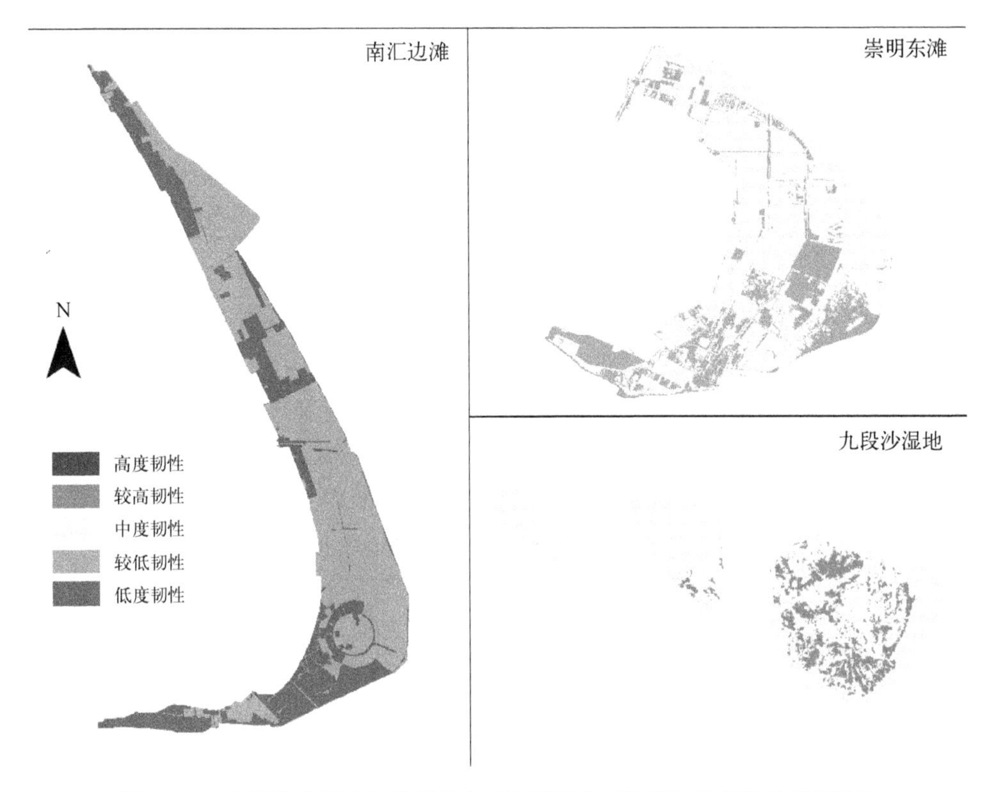

图 4-19 上海滩涂湿地生态系统中三种湿地的韧性等级分布图(后附彩图)

圈围与土壤污染,但这两者都比南汇边滩的情况好;至于九段沙,影响其韧性的主要因素为外来物种互花米草入侵对生物多样性的影响。在九段沙生物多样性方面,其多样性指数不如其他两块湿地,甚至还相当低,其可能的原因是:九段沙是新出现的滩涂湿地,其对于生物来说还不能构造较良好的栖息环境。

4.5 上海韧性城市发展对策

4.5.1 优化布局,加强区域空间环境管制

(1) 划定城市生态红线,加强空间环境管制

结合上海城市主体功能区划、环境功能区划和生态功能区划,分析城市生态空间基本格局,以《上海市"十三五"环境保护规划》和《上海三年环保行动计划》为指导,划定城市生态红线、蓝线、黄线与绿线,分类提出空间生态环境管制要求,实行不同区域的分类指导与分区管理;严格实行红线控制,锚固生态空间。丰富与完善新一轮城市总体规划体系,将生态红线、空间环境分区管制等内容融入城市总体规划

修编中，使环境保护措施在空间布局上为上海韧性城市的规划建设提供支撑。

(2) 完善城市生态网络体系，构建生态安全格局

完善生态网络，构建上海韧性城市生态安全格局。在认真落实《上海市基本生态网络规划》的基础上，建设市域“环、廊、区、源”的城乡生态网络空间体系，以生态理念促进韧性城市中绿地、林地、湿地和耕地的融合发展，构建与韧性城市肌理相符的生态安全格局，进一步增加城市绿化覆盖率、森林覆盖率、湿地占比和水面率，提升城市生态基础设施完善度。

建设生态屏障，构建生产生活安全格局。针对重要高速公路、城市高架、轨道交通等交通干线以及重要通航水道、主要河道，通过绿色隔离廊道、隔音墙、防护林等方式，建设必要的生态屏障，保障居民生活生态安全。针对位于工业园区、工业企业附近的居住区，通过强化绿色生态隔离带的建设，减少企业生产带来的环境影响，降低生态安全事故风险。针对杭州湾沿岸的石化、化工产业带，特别要做好金山城区周边合理规划，加强生态屏障建设，防范环境事故对居民的影响。

4.5.2 控制城市发展规模，维持生态承载安全水平

(1) 以资源生态承载力控制城市发展规模

树立“底线思维”，建立“倒逼机制”，严格控制城市建设用地规模和人口规模，使城市发展与生态资源承载力相适应。

一是力争控制现状建设用地不增加。加强对区域资源生态承载能力的研究，提出上海市今后阶段的城市发展合理规模。积极通过盘活存量、控制增量，提升土地资源开发利用效率、优化土地利用布局。

二是加强城市人口规模控制。均衡上海人口、资源和环境的匹配，结合产业结构升级和落后产能的淘汰，逐步控制上海市人口规模，确保人口规模处于合理、可控范围，防范由于人口规模超载引起的污染物过量排放和公共服务资源匮乏情况。同时，引导人口合理分布，明确各功能区域相适应的政策导向，推进各功能区域差异化发展，努力缩小区域之间、城乡之间的环境差距。

(2) 以节能减排控制资源消耗与污染排放规模

严格控制能源消费总量，化解产能过剩，加快发展节能环保产业和循环经济。加强工业、建筑、交通等重点领域的能效管理，使主要用能单元的能耗强度及碳排放强度明显下降，同时有效控制总量增长，切实降低一次能源消费比重，提高清洁能源比重，促进能源结构低碳化。加强中水回用，提高水资源利用效率和效益；优化用水结构，以技术创新提升用水效率，使全市用水强度明显下降，用水总量不突破限值。

在减排方面，全面加强结构、工程、管理减排力度，扎实完成化学需氧量、氨氮、二氧化硫、氮氧化物四项污染物总量减排的约束性指标，并协同控制与上海环境质量密切相关的总磷、挥发性有机物和 $PM_{2.5}$ 排放总量。

4.5.3 调整产业结构，加快转变经济发展方式

全面推进产业结构转型升级。强化环境准入标准，严格限制高污染、高消耗和高风险行业发展，大力发展先进制造业和高端服务业，推动经济结构向轻型化转变，同时带动人口素质结构持续提升；针对重点行业制定严格的污染物排放标准和清洁生产评价指标，明确污染物排放强度、碳排放强度和能耗限值等要求，推动传统生产方式转型，积极推动钢铁行业调整转移，大力推动化工行业布局调整。

加快淘汰落后产能。通过完善落后生产能力退出机制，制定高耗能高排放行业、工艺和设备的淘汰目录，制定淘汰计划及配套政策，有力有序推进 104 个工业区块外分散落后污染企业的调整退出。结合上海市有关规划和政策，按布局、行业从资源消耗、污染排放、环境风险、信访矛盾等方面提出调整退出的原则、标准、目录，按轻重缓急分阶段落实淘汰计划名单。聚焦政策，稳步推进，重点优先淘汰小化工、橡胶塑料制品、纺织印染、金属表面处理、金属冶炼及压延、皮革鞣制、金属铸锻加工等污染企业。

提升工业园区环境管理水平。加快推进工业向园区集中，严格控制 104 个工业区块外新建有污染的项目，推进 104 产业区块内老工业企业的升级改造，引导工业区块外现存企业逐步向规范化工业区块集中。全面推进工业区环境规范化管理，完成 104 个工业区块的规划环评，在加强化工园区环境管理体系建设的基础上探索完善全市工业区环境管理体制机制，着力提升工业区环境基础设施和环境管理水平。

构建资源循环产业链体系。按照“减量化、再利用、资源化”的原则，在全产业大力发展循环经济，加快构建覆盖全社会的资源循环产业链体系，加快完善再生能源回收体系，继续开展并扩大生态工业示范园区创建范围，提高工业中水回用率和产业废物综合利用率，全面推进生活垃圾分类回收制度，加大畜禽粪尿还田和秸秆综合利用力度。大力支持绿色经济和生态产业，进一步推行合同能源管理，鼓励绿色食品和有机农产品行业，推广并扶持节能、节水、低碳产品和相关企业，着力推动节能减排装备制造以及相关服务产业发展，促进资源循环利用和生态修复等环保产业的有效成长。

4.5.4 加强集约经营，提升生态农业水平

建设标准化水产养殖场，探索研究人工湿地等水体净化工程，改善水域生态环境；进一步加强在黄浦江上游、淀山湖等主要养殖水体的渔业资源增殖放流工作。

推进养殖业向规模化经营模式转变，鼓励引导规模化、标准化畜禽场建设，推动种养结合农业生产模式的发展。加大畜禽场粪尿生态还田、建设一批规模化畜禽养殖标准场粪尿生态还田工程和沼气综合利用示范工程，进一步推动循环农业发展。加强畜禽散养户管理，推进畜禽散养户向养殖小区、合作社等规模化经营模式转变，以村为单位建立畜禽散养户治理示范项目。

着力提高种植业组织化水平。培育一批经营规模大、服务能力强、产品质量优、民主管理好、社员得实惠的农民专业合作社，促进规范化管理、标准化生产、品牌化经营。通过示范与带动，加强控制化肥农药污染，切实减轻农业面源污染。从提高耕地质量和农田环境质量、加强农产品安全监管、修复生态链和促进资源循环利用出发，从源头、过程和末端三方面控制化肥农药污染，继续推进农作物秸秆机械还田，建立和完善秸秆收集体制，在商品有机肥加工、食用菌培养基料和饲料、新型建材、再生资源和再生能源等领域积极推进秸秆综合利用。

4.5.5 优化能源结构，推进低碳发展战略

继续优化能源结构，开展清洁能源替代。实现能源供应和消费的低碳化是上海建设韧性城市的必然选择，一方面将严格控制煤炭消费总量，基本实现煤炭消费"零增长"，将煤炭消费量控制在 5 800 万吨以内，使其在一次能源中的比重下降到 40%左右；另一方面，须大力推广使用清洁能源，继续加快建设天然气主干管网，完善天然气输配管网系统，实现全市管道气的天然气化，提高天然气比重，积极发展非化石能源(包括新能源和外来水电、核电等)。特别关注落实中小燃煤(燃重油)工业锅炉及炉窑的清洁能源替代。

提高外供比例，加快新能源建设步伐。在上海本地电力发展受资源、环境限制，且可再生能源难以大范围推广的情况下，引进市外清洁电力是促进本市能源低碳化发展的重要途径，原则上上海市不再布局新的纯燃煤电厂。近期可大力增加天然气的供应及使用比重，同时逐步推广分布式供能系统，并加快对智能电网的研究储备和试点示范，中长期应大力拓展风能、太阳能和生物质能利用。

4.5.6 深化治理，提升生态系统服务功能

(1) 加强环保重点领域治理，改善环境民生

在水环境方面，完善系统性、协调性相统一的水污染防治体系。强调水污染防治措施的联动性，稳步推进污水厂提标改造，加快污水纳管收集；基本实现污泥规范化处置，落实臭气防治措施，加强纳管企业废水排放和污水污泥处理设施运行监管；深入排查沿河沿湖各主要污染源，实施水量与水质统一管理；同步推进中心城区泵

站改造和郊区河道整治，加强水系沟通，争取消除河道黑臭，改善水体富营养化问题；进一步完善地表水环境质量监测体系，建立科学、简明的水环境质量评价体系；倡导生态循环的农业发展模式，加强农业面源污染控制，建立全过程监督管理体系，科学使用化肥农药，控制农药化肥施用量，加强畜牧养殖场标准化改造，完善粪尿收集、利用体系；加强农村污水及生活垃圾处理基础设施建设；加大饮用水源保护力度，切实提高饮用水源风险防范能力；坚持陆海统筹、江海兼顾，加强海洋环境保护，着力推进污染控制、风险预防和生态修复。

在地下水环境方面，全面启动摸底调查，加强技术储备。对上海全市地下水环境现状开展全面摸底调查，发现环境问题，分析污染原因，提出相应对策；积极开展地下水环境安全评估、修复技术与规范的研究与实践探索。

在土壤环境方面，逐步健全土壤污染控制法规、标准和技术规范体系。以国家"土十条"为指南，加强全市土壤环境现状调查，进行全面普查，摸清土壤污染状况，制定土壤综合治理规划、土壤环境保护规划和土壤环境功能区划；逐步构建完善土壤环境安全评估与修复体系，突出相关法规、标准、政策、机制等方面的制度设计，细化标准，重点建立棕色地块利用的土壤环境风险评估、修复机制与技术规范；建立土壤环境质量常规监管体系和土壤环境监测网络，提升土壤环境的监测管理能力，积极开展典型土壤污染场地整治修复工作；落实土壤环境保护和修复的牵头部门，加强职能部门联动，建立政策设置、资金投入、运行机制和政策保障等一体的上海土壤保护管理对策。

(2) 强化生态系统保护，提升生态服务

加强自然生态保护区和湿地的保护与管理力度，拓展生物多样性基础空间，促进野生物种数量恢复和生境重建，实行滩涂开发跟踪评估制度和生态补偿机制。对上海不断增长的滩涂湿地宜采取"动态平衡、(湿地)略有增长"的策略；健全湿地保护法制，依法保护上海湿地资源，维护城市生态安全，加强对自然保护区、湿地公园和禁猎区的有效管理；进一步开展湿地生态修复和湿地资源调查监测；加强宣传教育，提高整个社会的湿地保护、生态保护意识，通过共同参与来关心支持湿地保护事业，形成全社会生态保护意识。

持续推进崇明生态岛建设进度，逐步完善崇明岛环境基础设施、进一步改善环境质量、使之进一步建设成为世界级生态岛。

落实中央部委对海洋环境保护的具体要求，促进上海海域功能区水质逐渐好转、近海海域环境逐步修复。

完善绿地林地系统建设。结合旧城区改造以及黄浦江、苏州河沿岸地区的开发建设，加快公共绿地建设；结合城镇体系规划和小城镇建设，以生态城镇发展为核心，提高郊区城镇绿化水平；结合市域产业布局调整，特别是市级大型产业基地的建设，形成具有鲜明产业特点的绿化格局；结合郊区农业产业结构调整，实施退耕造林

计划；结合重大工程项目和重大基础设施建设，推进配套绿化建设步伐；结合郊区“三个集中”政策，将归并、置换出的城镇和农村居民点用地以及散、乱工业点用地等，进行集中造林；结合自然保护区和风景名胜区的保护，有计划地造林增绿；结合滩涂资源的开发、利用，因地制宜拓展生态湿地，大面积造地增绿；有效调整绿地布局，完善绿地类型，科学配置绿地植物群落，提高绿地植物养护水平，丰富各级绿地的生物多样性和历史文化内涵，提升绿化质量，强化林地保护利用，推动郊野公园建设，塑造上海韧性城市特色。

严格遵守城市生态规划，切实增强各级领导干部执行规划的法律意识，树立规划的法律权威，杜绝在经济社会过程中片面地追求经济利益和眼前实际利益、擅自侵蚀或蚕食现状绿地和规划绿地的行为。在中心城区土地确实十分紧缺的现实条件下，制订相关激励与补偿政策，推动成片增绿，保证年均新增绿地；推进屋顶绿化、垂直绿化、沿口绿化、棚架绿化等立体绿化；严格执行新建居住区绿化配套比例，促进社会建绿，不断改善中心城区生态环境，减缓热岛效应，提升宜居条件。

4.5.7 突出创新，完善生态文明制度与绿色发展体系

(1) 完善地方环境法制建设体系

进一步加快环保立法步伐。重点解决涉及上海韧性城市发展的环境保护重点难点和热点问题，包括：土壤污染、餐饮业、固体废物、噪声污染防治，尽快发布“清洁空气法”、“湿地保护法”、“河道水系保护法”等；着手开展《环境损害赔偿法》的研究和实行，建立环境损害鉴定评估机制，为落实环境责任制提供强有力的技术支撑，严格追究污染者的环境责任，切实解决长期困扰环境保护的违法成本低的问题。

加大环境执法力度。通过区域和行业限批、限期治理和联合执法等手段，严厉打击各类违法行为，加快淘汰污染严重的落后生产工艺和企业。创新执法方式，充实基层执法力量，完善部门联动执法依法机制，严厉查处破坏生态、污染环境的案件，加强重点用能单位的专项监察，加大对投资项目开工建设、投入成产和使用过程的节能环保检查，健全生态环境保护责任追究制度；加强生态建设领域的法律服务工作，做好生态建设领域法制教育和宣传。

(2) 构建生态文明协调推进和保障机制，深化环境管理和决策

健全拓展生态文明建设组织协调机制。按照“五位一体”总体布局要求，完善并提升上海市现有环境保护与环境建设协调推进委员会平台，拓宽并深化“环保三年行动计划”工作内容和推进机制，坚持以“政府主导，部门联动，全社会共同参与”为要旨，整合全社会资源和力量，形成生态文明建设与绿色发展的合力；按照“条块结合”的原则，条上强化专项工作组组长单位牵头制和责任单位负责制，块上加强基层

力量，完善乡镇、街道环境管理责任体系，通过多方面的推进手段维护机制的有效运作；加强生态文明建设的顶层设计和统筹管理。

加强生态环境区域协作一体化共建机制。切实推进长三角区域环境合作，加快污染源信息共享和联防联控，建立区域环境信息共享、会商和发布平台。重点推进太湖流域水环境综合治理，加快长三角地区燃煤电厂烟气脱硫和脱氮改造，实现危险废物和危险化学品管理资质互认制度，深化区域突发环境事件防范和应急联动机制，切实加强联合检查和执法力度，加强农村面源污染控制 ，进一步深化“区域限批”、“流域限批”政策，维护地区整体环境的同步发展和有效统管。

建立完善生态文明综合考评机制。研究建立以目标导向和标准约束为主的生态文明建设评价指标体系与韧性城市建设指标体系，保障生态文明建设与绿色发展有序、快速推进；积极开展生态区、镇和村等创建工作，强化生态文明建设的绩效考核，把生态文明指标纳入各级政府领导干部的考核体系，将考核结果作为干部选拔任用、管理监督的重要依据，对领导干部任期内的资源消耗、环境损害、生态效益建立问责制，并对评优创先活动实行生态文明建设一票否决制。

提升重大决策环保参与机制。从规划层面开展环境保护总体规划，与国民经济发展规划及土地规划实现“三规合一”，同时，广泛开展并切实提升规划环评和政策环评的决策地位，做到建设项目或者区域开发生态环境“一票否决制”。增强环保决策的话语权和行政执法权。

深入强化公众参与机制和透明监督体制。推进生态环境信息公开制度，完善新闻发布和重大生态环境信息披露制度，推进城市环境质量、重点污染源、饮用水水质、企业环境安全信息公开，强化公众生态环境知情权。在规划制定过程和建设项目立项、实施、评估等环节，增强公众的参与程度，维护公众的切身利益。建立健全生态环境公众监督举报制度和听证制度，完善企业环保诚信体系，健全突发环境事件的公共媒体互动体系，鼓励社会舆论监督。推动环保公众参与立法实践，引导和培育生态文明建设领域的各类社会组织，充分发挥民间团体和志愿者的积极作用，为生态文明社会建设创造良好氛围。

加大生态文明财政保障力度。调整公共财政支出结构，安排生态文明建设项目与韧性城市试点建设专项资金，重点用于开展解决上海韧性城市建设中亟需解决且具有实际操作意义的难点和焦点问题。加大财政资金投入力度，深化生态文明建设财政资金稳定增长机制。采取政府、集体、个人以及引进外资等多渠道、多层次、多方位的方式筹集生态文明建设资金，完善投入保障机制。

加强重要科学技术和政策的攻关。推进能源、气象、水、空气、土壤、温室气体、辐射、市政基础设施等统计监测核算技术的研究能力建设，提高科研成果的转化应用水平。构建市区(县)两级资源互补共享的韧性城市监测体系和信息化应用支撑体系，提高全市在韧性城市方面的监测、监察和信息化能力。强化生态风险预防和应急管理能力建设，完善预案、预警、响应、处置、信息报送等制度的建设，并加强相关信息化辅助决策能力。

4.5.8 建立重点领域生态补偿机制

坚持以下基本原则、建立生态补偿机制：统筹区域协调发展，责、权、利相统一；突出重点，分步推进，从实际出发，因地制宜，创新体制机制；政府主导与市场调控相结合，积极引导社会各方参与，充分应用经济手段和法律手段，探索多渠道、多形式的生态补偿方式。突出基本农田、重点流域、水源地和重要生态湿地、生态公益林等生态补偿重点，逐步加大补偿力度，完善补偿机制；建立生态补偿专项资金，根据具体情况制定和细化补偿标准；完善生态补偿保障措施，加强监督，确保生态补偿资金落到实处；生态补偿资金拨付、使用、管理具体办法由财政部门会同相关部门另行制定。搭建协商平台，完善支持政策，引导和鼓励开发地区、受益地区与生态保护地区、流域上游与下游通过自愿协商建立横向补偿关系，采取资金补助、对口协作、产业转移、人才培训、共建园区等方式实施横向生态补偿；积极运用碳汇交易、排污权交易、水权交易、生态产品服务标志等补偿方式，探索市场化补偿模式，拓宽资金渠道；推进生态补偿标准的研究，在分配生态补偿资金时，实行因素分配与考核奖惩相结合的方式，加大对上游地区的扶持力度。

4.5.9 加强宣传引导，培育绿色低碳生活方式

(1) 加强生态文明与韧性城市宣传教育

在韧性城市建设中，需进一步结合生态文明主题、生态文明成就和生态文明典型宣传教育，增强生态文化教育人才和骨干队伍建设，把生态文明作为素质教育的重要内容纳入公民教育体系，使生态文化广泛深入人心，提高全社会的资源节约、环境友好和生态保护意识。充分发挥媒体阵地和公益组织的作用，加强对生态文明主题、成就和典型的宣传，鼓励动员全社会共同参与节能节水减排的生态义举。积极推进环境教育地方立法，依法保障环境宣传教育的实施；通过环境日、地球日等重要节日，组织开展系列主题活动，打造活动品牌；通过开展绿色创建、环境教育基地等形式，普及环境保护法律知识和科学知识，在全社会形成生态价值观、道德观、文化观和消费观，提高公众参与环境保护与韧性城市建设的意识和能力；开展企业法人环境教育，扎实推进企业环境监督员上岗培训，鼓励企业将员工环境教育纳入年度培训计划。积极协调电视、广播、报纸、网络等媒体，共同承担环境保护公益宣传与韧性城市理念推广的社会责任。

(2) 丰富公众绿色参与平台

开展绿色社区、绿色学校、绿色企业、绿色家庭等多层面的绿色创建活动，发挥

带动效应，引导居民生活方式向低碳简约转变；鼓励社区和环保社会组织开展形式多样的韧性城市宣传活动。强化NGO等社会组织对社会监督及低碳理念的引导作用，倡议公职人员以身作则，带头抵制浪费、践行绿色生活，并做好宣教和普及工作，为公众树立建设生态文明的榜样及信心。

(3) 倡导绿色消费与生活方式

通过广泛的媒体宣传、社会活动、学校教育和企业培训等方式，宣传生态文明观念和韧性城市内涵，培育绿色消费文化，鼓励节能环保型产品生产和流通，引导公众选择低碳节能产品，逐渐形成理性节制的消费模式，摒弃过度包装与使用一次性用品等高碳行为，倡议绿色出行等健康的生活方式，促使社会形成节约环保的优良氛围；大力支持企业开展“绿色供应链管理示范”并在各行业普遍推广，政府部门率先执行绿色采购要求，禁止采购能效低的产品和国家明令淘汰的产品和设备，从而影响企业的采购行为，进而对上游生产行为产生约束。

5. 中国韧性城市发展对策

本章主要从以下七个方面探讨了气候变化背景下中国韧性城市发展对策：①构建中国特色的韧性城市理论；②构建城市应对气候变化的协同治理机制；③重点区域重点干预，推动韧性城市的示范和试点建设；④融合信息科技，通过韧性规划对策应对各方面风险；⑤研发城镇重大灾害和事故应急处置关键技术；⑥创新推动“绿色发展”；⑦推动韧性城市评估与规划，落实组织实施保障。

Development countermeasures of resilient cities in China

The seven strategies and suggestions are proposed to enhance the development of China's resilient cities under the climate change in this chapter: 1) building the urban resilient theory with the characteristics of China's resilient cities; 2) building a governance mechanism of cooperations in cities to adapt climate change; 3) using strengthened intervention at key areas, and promoting the the construction of resilient cities; 4) assembling information technology and dealing with all aspects of riskness through the resilient planning countermeasures; 5) developing key technologies to manage major disasters and accidents in cities and towns; 6) promoting innovatively the green development of cities; and 7) promoting urban resilient evaluation and planning and implementing organization guarantee.

5.1 构建中国特色的韧性城市理论

中国存在较大的东、中、西部差异和南北差异，不同地区的发展历史、发展阶段、社会文化背景不同，自然、社会、经济条件不同。因此需加强韧性城市规划的政策研究和技术支持，韧性城市理论的应用更应该考虑到中国特色，使韧性理论本身更具“韧性”：

①中国正处于城市化超常规发展阶段，短短几十年走过了发达国家一个多世纪

的道路，城市人口和规模在短时间内剧增，城市基础设施建设远远落后于城市化的进程，城市在刚建好甚至在设计之初就已落伍，因此若不在城市规划时留足“余地”，城市生态韧性和基础设施韧性将面临严峻的挑战。

② 不同城市应有不同的韧性发展策略，西部生态脆弱地区的城市应格外关注城市生态韧性；东部沿海城市的外向型经济应着重发展多样性经济，同时考虑到全球气候变化的影响，海平面上升、台风、暴雨等极端气候事件的影响，城市基础设施的工程韧性必须得到强化。

③ 开展韧性城市的政策研究，推动相关部门的重视和协作行动。在挖掘传统经验和智慧的同时，也需要借鉴现代城市规划技术，例如加强城市空间规划技术、大数据、云计算、物联网技术等在韧性城市规划中的研究和应用，建设气候决策信息平台，提高智慧管理水平等。

5.2 构建城市应对气候变化的协同治理机制

未来社会将是风险社会，气候变化引发的灾害将成为风险的放大器，对于传统的防灾减灾从理论到实践都提出了诸多挑战。

气候变化作为近年来最受关注的环境问题之一，涉及多目标和多个治理领域，包括气象、防灾减灾、水利、农业、林业、生态、卫生、环保、规划、土地等众多决策管理部门。从灾害风险管理到治理，需要政府转变角色，改变传统的以单一部门、单一灾种为主导的模式，开展跨学科、多领域、多部门的共同协作。在灾害应急响应及灾后重建方面，应当跨界整合应急力量，例如美国凤凰城在灾害应急与灾后重建方面对姐妹城市中国四川成都的援助与经验分享，组建包括不同领域人员的应急队伍，建立与周边城市、乡镇的区域联动响应机制等。

在我国一些发达的大城市，社会公众的气候变化意识和环境治理诉求日益提升，在建立城市气候变化协同治理机制过程中，应当借鉴国际上比较先进的城市治理理念和经验，例如伦敦的气候变化伙伴关系，发挥社会各界的力量，广泛吸纳公众、专家、企业等不同利益相关方参与决策过程。在全方位整合的基础上，以沟通实现团结协作，借助社会媒体的参与，让灾害事件在公众面前真实展现，不仅可以让充分知情的公众适度参与应急救援，还能让政府的应急救援措施为公众所了解，达成良好的政民合作。

5.3 重点区域重点干预，推动韧性城市的示范和试点建设

国内的韧性城市建设从概念理解、操作手段和实施效果等方面还存在不少问题，一方面是学界研究深度不够、科普知识和宣传推广不足；另一方面，韧性城市的

试点同时也是一个在实践中不断学习和提高的过程，经验尚不成熟。对于韧性城市而言，与生态城市、低碳城市、海绵城市建设还存在诸多不同。开展韧性城市示范的一个优势在于提高社会公众对于应对气候变化的意识和能力，自下而上推动城市韧性建设行动。

在韧性城市建设中，应进行重点区域重点干预，在应对灾害时"朝前看"，计划要有可持续性。对自然灾害影响风险大的城市来说，应急响应和灾后重建应成为考量城市管理能力的重要指标；"城市区域划分管理"应在灾害防控上充分体现，对高风险地区进行重点干预，提高其风险抵抗能力，从而搭建起一套完善的城市防灾减灾体系，并且将计划持续下去，如加固建筑，整修道路，修建公园等避难场所；改善管理机制，提高居民的抗风险意识；提高当地的就业率，增加当地居民的收入，让整个区域的应急自救能力普遍提高。

5.4 融合信息科技，通过韧性规划对策应对各方风险

城市规划应该在一个系统整体优化的构架下，综合考虑"智慧"、"绿色"、"韧性"等对城市各范畴规划的影响并做出相应的对策。城市规划应评估城市现有各系统的关联性、复杂性及脆弱性，通过利用创新的信息技术及管理，策略性地调动资源以提升基建系统协调统筹及综合管理的能力，并提升城市迅速适应社会、经济或物理冲击及恢复正常秩序的能力。

经济方面：① 推动低排放发展，鼓励创新金融；② 进行生态盈亏核算和生态系统服务价值评估。

社会方面：① 通过信息技术提升社区/民生基础设施建设；② 建立完善有效的政策法规体系，促进信息技术的发展；③ 在规划上为 ICT(information communication technology)基建预留位置；④ 利用物联网整合构建城市规划框架。

环境方面：① 通过物联网和传感器技术实现对自然资源的有效管理；② 利用自然景观重塑生态资源品质；③ 综合生态规划和污染控制(如零碳排放、零废弃物)；④ 以物联网监测环境变化(例如降雨量及沿岸水位)。

应对气候变化：① 建立自然灾害管理和应变计划；② 在城市开发中引入低影响开发(LID)及可持续城市排水系统(SUDS)的理念；③ 完善灾难的提前预警系统；④ 通过 ICT 实现对于自然灾害的有效反应等。

5.5 研发城镇重大灾害和事故应急处置关键技术

城镇重大灾害与事故应急处置是对城镇重大灾害发生前的应急预警网络的建

立、灾害信息的发布及事故综合应急处理处置系统及技术的集成。近几十年来，随着我国城镇化的快速发展，城镇在成为人口、经济、社会、文化活动的高度聚集区的同时，也成为一个巨大的承灾体。我国灾害和事故公共预警在运行过程中仍存在诸多困境，存在以下亟待解决的问题：① 城镇对全球气候变化与城镇化的双重胁迫效应预警不足；② 应急管理和防灾减灾基础工作薄弱、全民忧患意识、风险意识淡薄；③ 应急管理体制不够健全、缺乏一体化综合决策指挥体系；④ 应急处置关键技术与专业化应急救援装备水平和处突能力有待提高。因此，应从以下方面对城镇重大灾害和事故应急处置关键技术开展研发工作，并推动示范建设。

① 研究全球变化与城镇化双重胁迫下城镇的脆弱性、应对重大自然灾害和重大生产事故风险分析和评估技术，包括国内外城镇重大灾害和事故的分类与分级，城市水文灾害、气象灾害、生态环境灾害、重大地质灾害、重大突发事件等多个方面。

② 建立和完善城镇重大突发事件的早期识别与监测、快速预警、高效处置一体化应急决策指挥系统，例如城镇重大灾害和事故、水源地安全等多方面的智能监测预警、智能调度与防控，构建重大灾害和事故高效处置一体化的智能应急综合数据库，研发高效集成化的应急联动系统和一体化应急决策指挥平台。

5.6 创新推动“绿色发展”

2015 年 10 月，中共十八届五中全会审议通过《中共中央关于制定国民经济和社会发展第十三个五年规划的建议》，强调发展是党执政兴国的第一要务，并提出了包括“绿色发展”在内的创新、协调、绿色、开放、共享“五个发展”理念。生态是生存之基，环境是发展之本。面对全球气候变化这一 21 世纪人类最大的挑战，应坚持走生态文明建设之路，以绿色发展指标为核心，迎接绿色革命，实现绿色发展，促进绿色合作，做出绿色贡献（胡鞍钢等，2009），创新绿色发展理念；创新绿色消费市场，鼓励绿色消费；创新国家、城市治理，从追求经济增长转向节能减排；创新绿色技术，让绿色发展能实际落地。

“绿色发展”是指以效率、和谐、持续为目标的经济增长和社会发展方式。它是在传统发展基础上的一种模式创新，是建立在生态环境容量和资源承载力的约束条件下，将环境保护作为实现可持续发展重要支柱的一种新型发展模式。其科学内涵包括：

① 将环境资源作为社会经济发展的内在要素；

② 把实现经济、社会和环境的可持续发展作为绿色发展的目标；

③ 把经济活动过程和结果的“绿色化”、“生态化”作为绿色发展的主要内容和途径。

绿色发展的核心在于使经济增长和二氧化碳排放开始“脱钩”。在“中国韧性城市”发展对策上，应借助于举国上下大力推进“生态文明建设”、“绿色发展”的契机，重点抓好以下措施：

(1) 把握绿色发展趋势

将新能源、清洁能源和节能环保产业作为保持经济增长、调整产业结构、转变发展方式的重要突破口，发展知识经济、生态产业经济和循环经济，建设生态文化，夯实绿色发展的实践基础。

(2) 树立绿色发展理念

在政府层面，树立绿色政绩观，将保护自然环境、维护生态安全视为发展的基本要素，将绿色发展视为发展的基本取向，使之体现在制度设计和工作安排中。参考世界银行提出的绿色GDP核算方法，积极探索符合我国国情与区域实情的绿色GDP考核体系，正确衡量经济增长与资源环境代价，推动经济与生态协调发展。以《党政领导干部生态环境损害责任追究办法（试行）》为指导，实行严格的责任制，对绿色发展的各项指标实行目标管理，层层落实任务、明确责任，使各级党委、政府切实把发展的重点转到以绿色发展促进科学发展上。

在企业层面，树立绿色生产观，推动绿色发展进程。要加大绿色投入，完善以企业为主体的投入机制，把好绿色生产准入关；强化绿色管理，完善相关制度，把好绿色生产管理关；创新绿色技术，发挥高新技术的引领作用，建立技术创新体系，加快传统企业的改造升级，把好绿色生产技术关；制造绿色产品，严格相关标准，逐步优化企业产品结构，把好绿色产品关。

在社会层面，树立绿色消费观，公平消费、合理消费、科学消费，使绿色发展观念成为全社会的自觉意识和理念，同时带动绿色产业发展。要大力普及绿色消费，引导公民积极参与绿色消费，各级政府鼓励和推动绿色消费。

(3) 完善绿色发展保障

必须着力加强制度、法规和环境建设，完善推进绿色发展扶持政策，健全绿色发展法律法规，创新绿色发展机制，如资源有偿使用制度和生态补偿机制等，进一步完善绿色发展保障体系。

5.7 推动韧性城市评估与规划，落实组织实施保障

开展韧性城市评估与韧性城市建设规划的研究、编制和实施工作，是实现韧性城市发展目标的必要途径。

(1) 组织实施保障

① 设立管理机构，加强领导与监督，通过相关法律或管理条例规范其组织结构、

议事日程及决策机制，负责对规划的实施、综合管理和监督进行调控，协调行业、地区间的关系以及环保、规划、国土、水利、绿化、交通等不同部门之间的关系，并对规划实施效果进行评估。

② 合理制定分期目标，建立合理的分工协作制度，例如在环境管理体制上进行“理顺关系、简政放权、分级管理、责权利相统一”的改革，各级部门分管宏观指导和微观管理、具体执行；根据规划目标与任务的实施要求，重组实施流程、调整部门结构、从组织和职能上加以保障，确保流程的顺畅合理和效果的最优化。

③ 建立自上而下的监督机制和自下而上的反馈机制，不定期监督、审查，阶段性汇报。

（2）规划实施评价体系

规划实施评价体系可以全面考察规划实施的结果和过程，有效检测、监督既定规划的实施过程和结果，并通过评价指标体系的建立，形成量化的、可对比的评价指标，形成相关信息与规划建设成效的反馈，从而提出修改、调整建议，使规划运作进入良性循环，实现韧性城市建设目标。

参考文献

蔡建明，郭华，汪德根．2012．国外弹性城市研究述评[J]．地理科学进展，31(10)：1245－1255．

蔡运龙，Smit．1996．全球气候变化下中国农业的脆弱性与适应对策[J]．地理学报，63(3)：202－212．

成都日报．2011－05－12．成都的韧性感动世界[EB/OL]．http：//www.cdrb.com.cn/html/2011－05/12/content_1269810.htm．

崔利芳．2012．近50a大连市气候变化及其适应度评价[D]．大连：辽宁师范大学．

崔胜辉，李旋旗，李扬，等．2011．全球变化背景下的适应性研究综述[J]．地理科学进展，30(9)：1088－1098．

葛全胜，陈泮勤，方修琦，等．2004．全球变化的区域适应研究：挑战与研究对策[J]．地球科学进展，19(4)：516－524．

顾朝林．2010．气候变化与适应性城市规划[J]．建设科技，15(13)：28－29．

郭华，任国柱．2012．弹性城市目标下都市农业多功能性研究[J]．工程研究：跨学科视野中的工程，4(1)：49－56．

何兰生，何红卫，刘艳涛，等．2015－04－27．一个资源枯竭城市的三农传奇——湖北省黄石市探寻绿色发展新路径纪实[N]．农民日报，002．

胡鞍钢，管清友．2009．中国应对全球气候变化[M]．北京：清华大学出版社．

黄晓军，黄馨．2015．弹性城市及其规划框架初探[J]．城市规划，39(2)：50－56．

姜丽钧．2010．荷兰率先启用“浮动住宅”．http：//www.china.com.cn/culture/jianzhu/2010－04/26/content_19907659.htm[2015－10－11]．

李克让，陈育峰．1996．全球气候变化影响下中国森林的脆弱性分析[J]．地理学报，63(1)：40－49．

刘春蓁．1999．气候变化影响与适应研究中的若干问题[J]．气候与环境研究，3(2)：2－7．

刘举科，孙伟平，胡文臻，等．2015．中国生态城市建设发展报告．北京：社会科学文献出版社．

刘文泉．2002．农业生产对气候变化的脆弱性研究方法初探[J]．大气科学学报，25(2)：214－220．

刘晓星，曹小佳，王小玲．2014－12－30．高奏生态文明建设进行曲——四川德阳市推进生态文明体制改革[N]．中国环境报．

刘燕华，李秀彬．2001．脆弱生态环境与可持续发展[M]．商务印书馆．

纽曼·蒂莫西·比特利，希瑟·博耶．2012．韧性城市应对石油紧缺与气候变化[M]．王量量，韩浩译．北京：中国建筑工业出版社．

彭近新．2009．人类从应对气候变化走向低碳经济[J]．环境科学与技术，32(12)：1－8．

强卫．2010．转变发展方式 推动绿色发展[J]．求是，(1)：31－33．

上海科技报．2016－04－29．全球变暖为城市带来的改变．[EB/OL]．http：//www.duob.cn/．

沈月琴，汪淅锋，朱臻，等. 2011. 基于经济社会视角的气候变化适应性研究现状和展望[J]. 浙江农林大学学报，28(2)：299-304.

世界银行. 2009. 气候变化适应型城市入门指南. 北京：中国金融出版社.

苏洁琼，王烜. 2012. 气候变化对湿地景观格局的影响研究综述[J]. 环境科学与技术，35(4)：74-81.

孙芳，杨修. 2005. 农业气候变化脆弱性评估研究进展[J]. 中国农业气象，26(3)：170-173.

唐国平，李秀彬，刘燕华. 2000. 全球气候变化下水资源脆弱性及其评估方法[J]. 地球科学进展，15(3)：313-317.

仝川. 2000. 环境指标研究进展与分析[J]. 环境科学研究，13(4)：53-55.

王富海. 2000. 从规划体系到规划制度——深圳城市规划历程剖析[J]. 城市规划，24(1)：28-33.

王国庆，张建云，章四龙. 2005. 全球气候变化对中国淡水资源及其脆弱性影响研究综述[J]. 水资源与水工程学报，16(2)：7-10.

王原. 2010. 城市化区域气候变化脆弱性综合评价理论、方法与应用研究[D]. 上海：复旦大学.

吴浩田，翟国方. 2016. 韧性城市规划理论与方法及其在我国的应用——以合肥市市政设施韧性提升规划为例[J]. 上海城市规划，126(1)：19-25.

吴建国，吕佳佳，艾丽. 2009. 气候变化对生物多样性的影响：脆弱性和适应[J]. 生态环境学报，18(2)：693-703.

夏丽莎，刘莉. 2011-08-15. 打造一个具有"韧性"的城市[EB/OL]. http：//sichuandaily.scol.com.cn/2011/08/15/20110815601183996173.htm.

徐江，邵亦文. 2015. 韧性城市：应对城市危机的新思路[J]. 国际城市规划，3(2)：1-3.

徐明，马超德. 2009. 长江流域气候变化脆弱性与适应性研究[M]. 北京：中国水利水电出版社.

徐振强，王亚男，郭佳星，等. 2014. 我国推进弹性城市规划建设的战略思考[J]. 城市发展研究，21(5)：79-84.

许晖. 2011. 细分网格在弹性城市设计中的应用[D]. 北京：清华大学.

殷永元. 2004. 气候变化对中国西部地区影响的脆弱性和适应性综合评价(AS25 项目)[J]. 世界环境，(3)：20-23.

殷永元，王桂新. 2004. 全球气候变化评估方法及其应用[M]. 北京：高等教育出版社.

於琍，曹明奎，李克让. 2005. 全球气候变化背景下生态系统的脆弱性评价[J]. 地理科学进展，24(1)：61-69.

张立伟，延军平，李旭谱，等. 2013. 黄土高原地区冬、春小麦对气候变化的适应度评价[J]. 干旱地区农业研究，31(4)：214-223.

张振国，温家洪. 2015. 城市社区暴雨内涝灾害风险评估[M]. 北京：民族出版社.

郑艳. 2013. 推动城市适应规划，构建韧性城市——发达国家的案例与启示[J]. 世界环境，06：50-53.

中华人民共和国国务院新闻办公室. 2011-11-23. 中国应对气候变化的政策与行动(2011)[N]. 人民日报，15.

周广胜，许振柱，王玉辉. 2004. 全球变化的生态系统适应性[J]. 地球科学进展，19(4)：642-649.

庄宏曦，梁国辉，谢文思，等. 2014. 从"智慧"到"智慧—绿色—韧性"城市规划[C]. 2014 中国城市规划年会.

Adger W N. 2006. Vulnerability[J]. Global Environmental Change, 16(3): 268 - 281.

Ahern J. 2011. From Fail-Safe to Safe-to-Fail: Sustainability and Resilience in the New Urban World[J]. Landscape and Urban Planning, 100(4): 341 - 343.

Alberti M, Marzluff J, Shulenberger E, et al. 2003. Integrating humans into ecosystems: Opportunities and challenges for urban ecology[J]. BioScience, 53(4): 1169 - 1179.

Alexander D E. 2013. Resilience and disaster risk reduction: An etymological journey[J]. Natural Hazards and Earth System Science, 13(11): 2707 - 2716.

Allan P, Bryant M. 2011. Resilience as a framework for urbanism and recovery[J]. Journal of Landscape Architecture, 6(2): 34 - 45.

Angang Hu, Qingyou Guan. 2009. China to fight global climate changes[M]. Beijing: Tsinghua University Press.

Antle J M, Capalbo S M, Elliott E T, et al. 2004. Adaptation, spatial heterogeneity, and the vulnerability of agricultural systems to climate change and CO_2, fertilization: an integrated assessment approach[J]. Climatic Change, 64(3): 289 - 315.

Bales R C, Liverman D M, Morehouse B J. 2004. Integrated assessment as a step toward reducing climate vulnerability in the Southwestern United States[J]. Bulletin of the American Meteorological Society, 85(11): 1727 - 1734.

Berkes F, Colding J, Carl F. 2003. Navigating social-ecological systems: building resilience for complexity and change[M]. Cambridge: Cambridge University Press: 416 - 419.

Brooks N, Adger W N, Kelly P M. 2005. The determinants of vulnerability and adaptive capacity at the national level and the implications for adaptation[J]. Global Environmental Change, 15(2): 151 - 163.

Bruneau M, Chang S E, Eguchi R T, et al. 2003. A framework to quantitatively assess and enhance seismic resilience of communities[J]. Earthquake Spectra, 19(4): 733 - 752.

Butzer K W. 1980. Adaptation to global environmental change[J]. Professional Geographer, 32(32): 269 - 278.

Campanella T J. 2006. Urban resilience and the recovery of New Orleans[J]. Journal of the American Planning Association, 72(2): 141 - 146.

Campbell M C. 2009. Special issue: building resilient cities[J]. Urban Agriculture Magazine, 22(3): 3 - 11.

Christensen L, Coughenour M B, Ellis J E, et al. 2004. Vulnerability of the Asian typical steppe to grazing and climate change[J]. Climatic Change, 63(3): 351 - 368.

Dulal H B. 2014. Governing climate change adaptation in the Ganges basin: assessing needs and capacities[J]. International Journal of Sustainable Development & World Ecology, 21(1): 1 - 14.

Eakin H, Luers A L. 2006. Assessing the vulnerability of social-environmental systems[J]. Social Science Electronic Publishing, 5(4): 365 - 394.

European Environment Agency. 2005. Vulnerability and adaptation to climate change in Europe [J]. Wiley Interdisciplinary Reviews Climate Change, 6(3): 321 - 344.

Foster K A. 2007. A case study approachto understanding regional resilience[K]. Los Angeles: University of California.

George C Williams. 1996. Adaptation and natural selection [M]. New Jersey: Princeton University Press.

Godschalk D R. 2003. Urban hazard mitigation: creating resilient cities[K]. Natural Hazards Review, 4(3): 136 - 143.

Gunderson L H. 2003. Adaptive dancing: interactions between social resilience and ecological crises [M]. Cambridge: Cambridge University Press.

Halec J D, Sadler J. 2012. Resilient ecological solutions for urban regeneration[J]. Proceedings of the Institution of Civil Engineers Engineering Sustainability, 165(1): 59 - 67.

Hallie Eakin, Maria Carmen Lemos. 2006. Adaptation and the state: Latin America and the challenge of capacity-building under globalization[J]. Global Environmental Change, 16(1): 7 - 18.

Hamin E M, Gurran N. 2009. Urban form and climate change: balancing adaptation and mitigation in the U. S. and Australia[J]. Habitat International, 33(3): 238 - 245.

Holling C S. 2003. Resilience and stability of ecological systems[J]. Annual Review of Ecology & Systematics, 4(2): 1 - 23.

Institute of Governmental Studies. 2015 - 09 - 01. Building resilient regions, the University of California Berkeley [EB/OL]. http: //brr. berkeley. edu /rci /site /sources.

Intergovernmental Panel on Climate Change. 2007. The forth assessment report of the IPCC [EB/OL]. http://www.ipcc.ch/publications_and_data/ar4/syr/en/contents.html.

IPCC. 2012 - 03 - 28. Managing the risks of extreme events and disasters to advance climate change adaptation (SREX) [EB/OL]. http: //ipcc-wg2. gov/SREX/.

Ireni-Saban L. 2012. Challenging disaster administration toward community-based disaster resilience[J]. Administration & Society, 45(6): 651 - 673.

Jabareen Y. 2013. Planning the resilient city: concepts and strategies for coping with climate change and environmental risk[J]. Cities, 31(2): 220 - 229.

Janet Livey, John Smithers. 2004. Community capacity for adaptation to climate-induced water shortages: linking institutional complexity and local actors[J]. Environmental Management, 33(1): 36 - 47.

Janssen M A, Schoon M L, Ke W, et al. 2013. Scholarly networks on resilience, vulnerability and adaptation within the human dimensions of global environmental change [J]. Global Environmental Change, 16(3): 240 - 252.

Jha A K, Miner T W, Stanton-Geddes Z. 2013. Building urban resilience: principles, tools, and practice [M]. World Bank Publications.

Kaly U, Briguglio L, Mcleod H, et al. 1999. Pratt C. and Pal R. SOPAC technical report: environmental vulnerability index (EVI) to summarise national environmental vulnerability profiles [EB/OL]. http://www.ipcc.ch/publications_and_data/ar4/syr/en/contents.html.

Lansheng He, Hongwei He, Yantao Liu, et al. 2015 - 04 - 27. A report about issues of agriculture, rural development and rural residents in Huangshi, Hubei Province — a new way to explore green development[N]. Farmer's Daily, 002.

Liao K H, Lin H, Yang W. 2012. A theory on urban resilience to floods — a basis for alternative planning practices[J]. Ecology & Society, 17(4): 388 - 395.

Lisha Xia, Li Liu. 2011. To build a city with resilience[EB/OL]. http://sichuandaily.scol.com.cn/2011/08/15/20110815601183996173.htm[2011 - 08 - 15].

Lombardi D R, Leach J M, Rogers C D, et al. 2012. Designing resilient cities: a guide to good practice[M]. Garston: IHS BRE Press.

Mayunga J S. 2007. Understanding and applying the concept of community disaster resilience: a capital-based approach[C]. Summer Academy for Social Vulnerability and Resilience Building: 1 - 16.

McCarthy, James J. 2001. Climate change 2001: impacts, adaptation, and vulnerability: contribution of Working Group II to the third assessment report of the Intergovernmental Panel on Climate Change[M]. Cambridge: Cambridge University Press.

Meeting of the minds. 2015. Globally standardized indicators for resilient cities [EB/OL]. http://cityminded.org/portfolio/globally-standardized-indicators-resilient-cities[2015 - 09 - 01].

Minnen J G V, Onigkeit J, Alcamo J. 2002. Critical climate change as an approach to assess climate change impacts in Europe: development and application[J]. Environmental Science & Policy, 5(4): 335 - 347.

Moser S C. 2010. Now more than ever: the need for more societally relevant research on vulnerability and adaptation to climate change[J]. Applied Geography, 30(4): 464 - 474.

Moss R H, Brenkert A L, Malone E L. 2001. Vulnerability to climate change: a quantitative approach [EB/OL]. www.ntis.gov/ordering.html.

OECD. 2001. OECD Environmental Indicators: Towards Sustainable Development[M/OL]. http://www.oecd.org/site/worldforum/33703867[2001 - 08 - 27].

Oguzhan Cifdaloz, Ashok Regmi, John M Anderies, et al. 2010. Robustness, vulnerability and adaptive capacity in small -scale social-ecological systems: the pumps irrigation system in Nepal [J]. Ecology and Society, 15(3): 39 - 68.

O'Brien K, Leichenko R, Kelkar U, et al. 2004. Mapping vulnerability to multiple stressors: climate change and globalization in India[J]. Global Environmental Change, 14(4): 303 - 313.

Rachel M Teaman. 2011. Resilience of U. S. Metros measured by online index developed by UB researchers [EB/OL]. http://www.buffalo.edu/news/releases/2011/07/12707.html[2011 - 09 - 10].

Resilience Alliance. 2011. Urban resilience research prospec-tus. Australia: CSIRO, 2007 [EB/OL]. http://www.resalliance.org/index.php/urban_resilience[2015 - 10 - 12].

Resilience Alliance. 2014. A research prospectus for urban resilience: a resilience alliance initiative for transitioning urban systems towards sustainable futures [EB/OL]. http://www.resalliance.org/ [2014 -12 - 01].

Smit B，Burton I，Klein R J T，et al. 1999. The Science of adaptation：a framework for assessment[J]. Mitigation & Adaptation Strategies for Global Change，4(3－4)：199－213.

Smit B，Wandel J. 2006. Adaptation，adaptive capacity and vulnerability [J]. Global Environmental Change，16 (3)：282－292.

Smith B，Burton I，Klein R J T，et al. 2000. An anatomy of adaptation to climate change and variability[J]. Climatic Change，45(1)：223－251.

Smith J B，Ragland S E，Pitts G J. 1996. A process for evaluating anticipatory adaptation measures for climate change[J]. Water Air & Soil Pollution，92(1)：229－238.

Solomon S D，Qin M，Manning Z，et al. 2007. Contribution of working group I to the fourth assessment report of the Intergovernmental Panel on Climate Change [M]. Cambridge：Cambridge University Press.

Strauss B H，Kulp S，Levermann A. 2015. Carbon choices determine US cities committed to futures below sea level[J]. Proceedings of the National Academy of Sciences，112(44)：1－6.

Thomas J. Campanella. 2006. Urban resilience and the recovery of New Orleans[J]. Journal of the American Planning Association，72(2)：141－146.

Tyler，Stephen，Sarah Orleans Reed，et al. 2011. Planning for urban climate resilience；framework and examples from the Asian cities climate change resilience network，climate resilience in concept and practice ISET working paper III，ACCCRN and ISET. http：//www. 100resilientcities. org[2016－01－20].

UNDP. 2015. Regional bureau for Arab States. Arab Climate Resilience Initiative [EB/OL]. http：//www. arabclimateinitiative. org/consultations. html.

United Nations Development Programme. 2004. UNDP Annual Report 2004：Mobilizing Global Partnerships [EB/OL]. http://www. undp. org/content/undp/en/home /librarypage/corporate/undp_in_action_2004. html.

United Nations International Strategy for Disaster Reduction Secretariat (UNISDR). 2012. How to make cities more resilient：A handbook for local government leaders [EB/OL]. http://www. unisdr. org/we/inform/publications/26462.

United Nations International Strategy for Disaster Reduction Secretariat (UNISDR). 2012. How to make cities more resilient：A handbook for local government leaders[J].

Walker B，Holling C S，Carpenter S R，et al. 2004. Resilience，adaptability and transformability in social-ecological systems[J]. Ecology & Society，9(2)：3438－3447.

Wang C H，Blackmore J M. 2009. Resilience concepts for water resource systems[J]. Journal of Water Resources Planning and Management，135(6)：528－536.

Watson，R T，Zinyowera M C，Moss R H. 1996. Climate change 1995：impacts，adaptations and mitigation of climate change：scientific-technical analyses [R]. Contribution of Working Group II to the Second Assessment Report of the Intergovernmental Panel on Climate Change. Cambridge：Cambridge University Press.

Yan Zheng，Wenjun Wan，Jiahua Pan. 2013. Low carbon resilient city：concept，approach and policy options[J]. Urban Development Studies，(03)：10－14.

Zhenqiang Xu, Ya'nan Wang, Jiaxing Guo, et al. 2014. Strategic thinking on promoting urban planning and construction of the resilience cities in China[J]. Urban Development Studies, (05): 79-84.

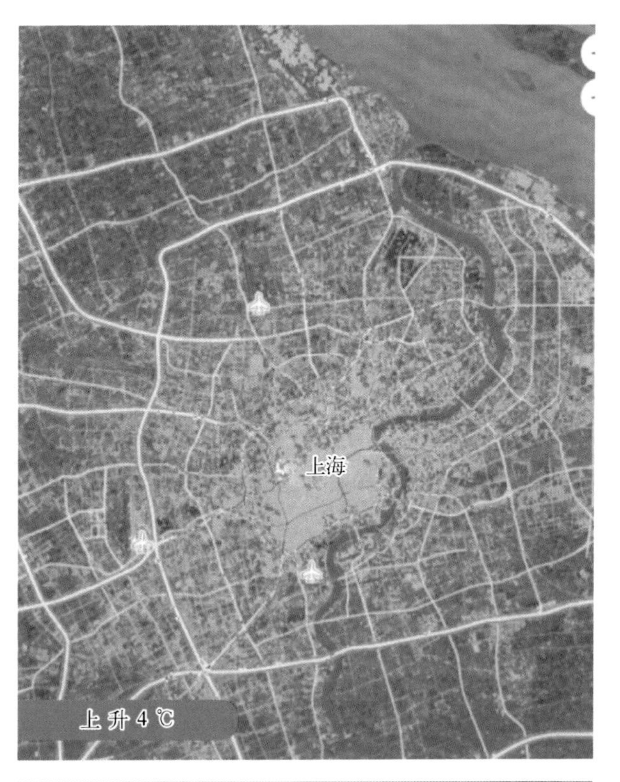

图 1－8　上海在全球温度上升 4℃和 2℃下被海水淹没区域模拟

资料来源：Strauss et al.，2015.

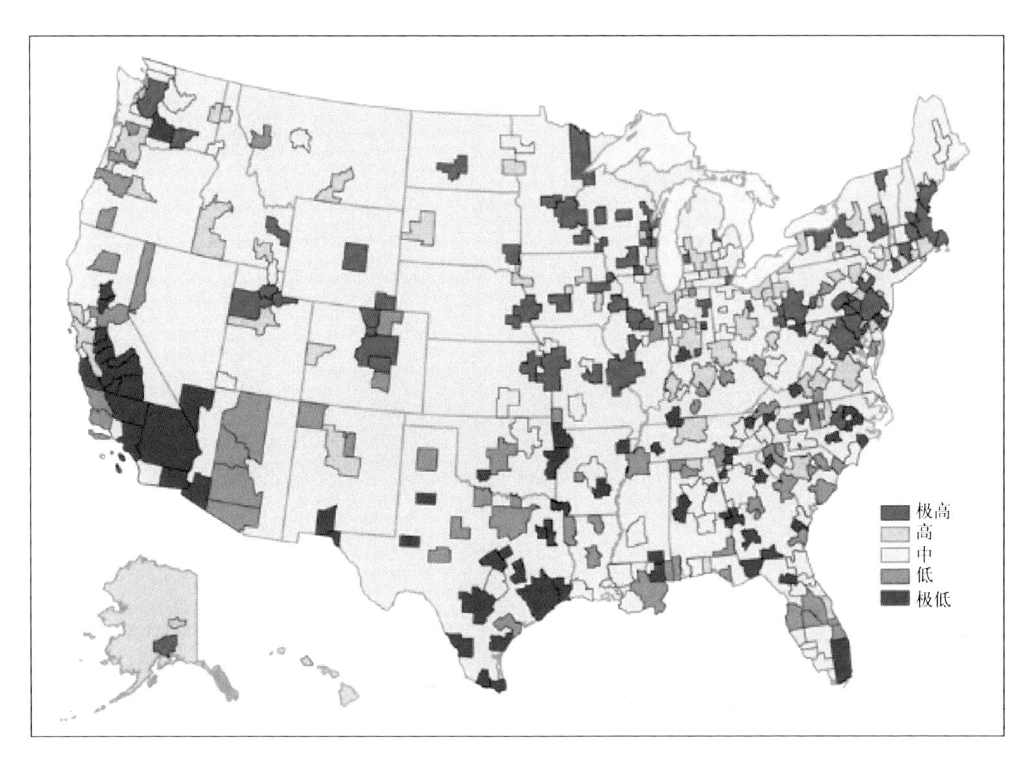

图 2－1　美国都市区韧性指数分布

资料来源：http：//www. buffalo. edu.

建立生态韧性

图 3－2　“生命防波堤”生物多样性生境

资料来源：http：//www. rebuildbydesign. org/project/scape-landscape-architecture-final-proposal/

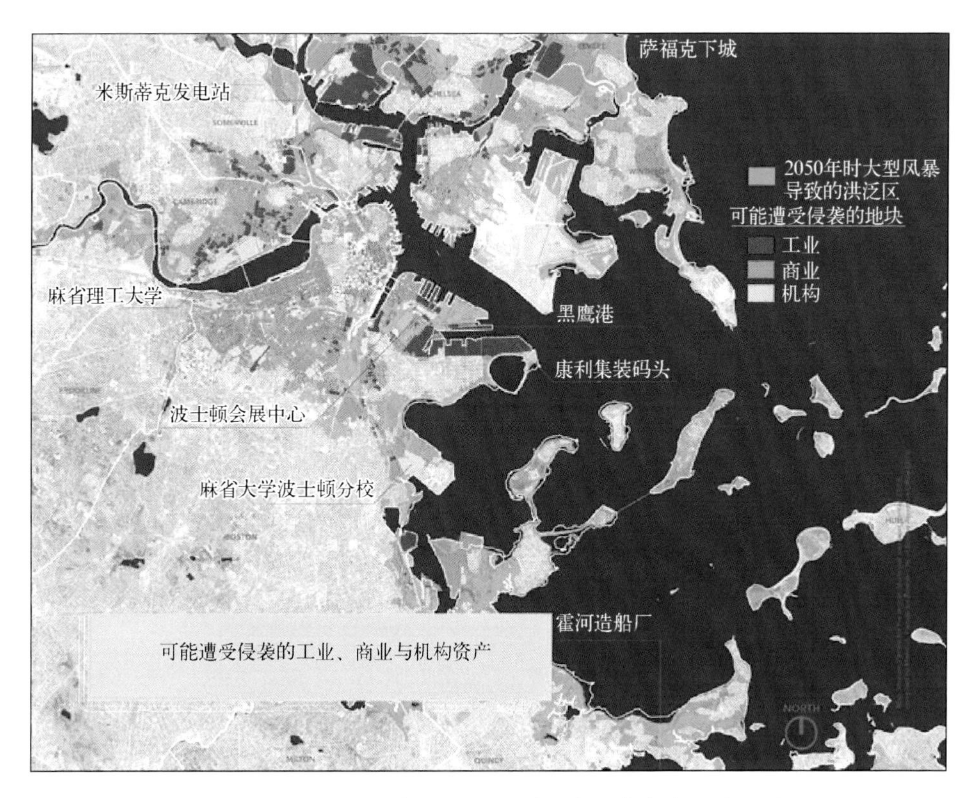

图 3-10　可能遭受侵袭的工业、商业与机构资产区域识别

资料来源：http://seachange.sasaki.com/map.

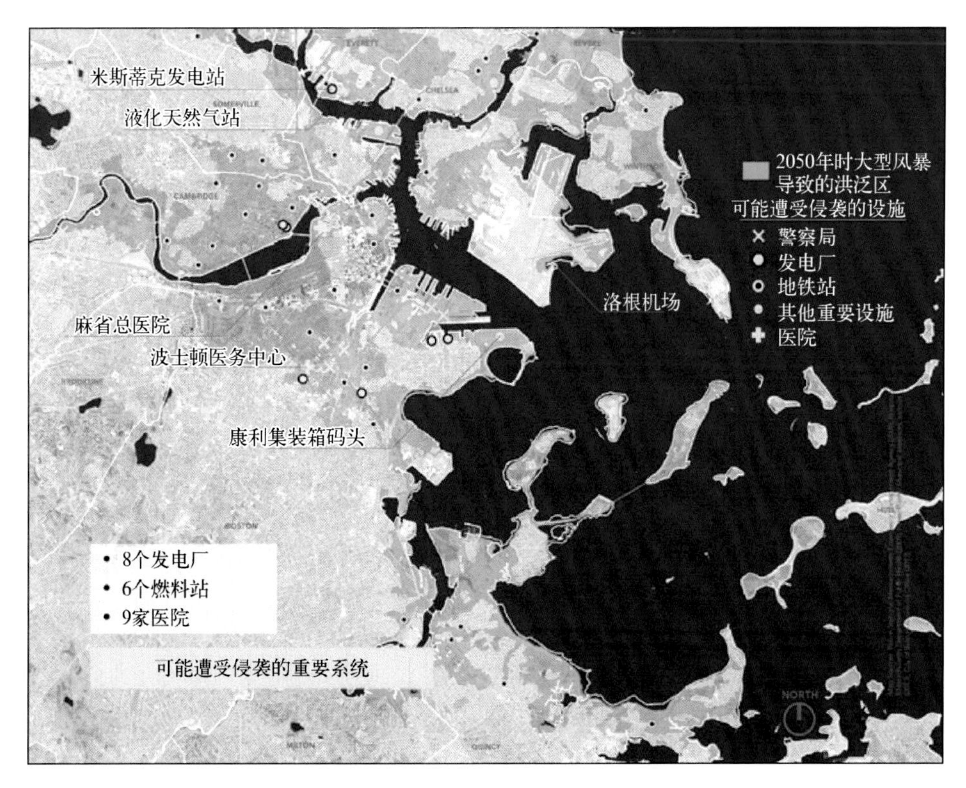

图 3-11　可能遭受侵袭的城市重要系统识别

资料来源：http://seachange.sasaki.com/map

图 4-2　上海市江堤分布图

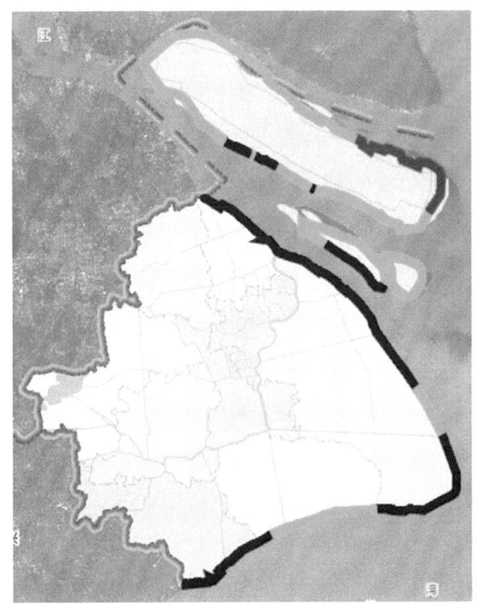

图 4-3　上海市海堤分布图

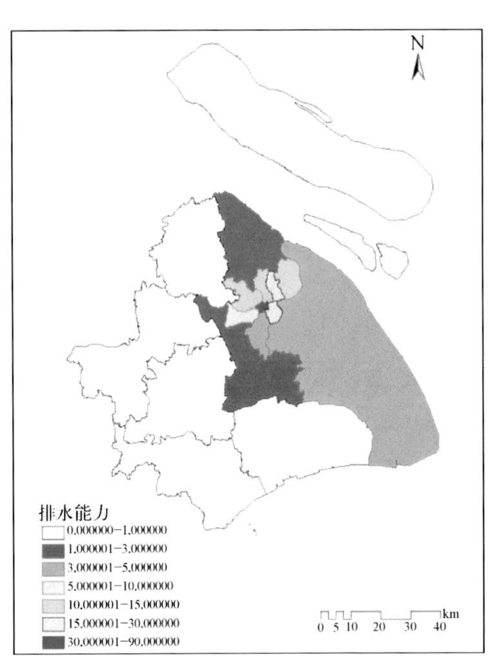

图 4-4　上海市排水能力分布图

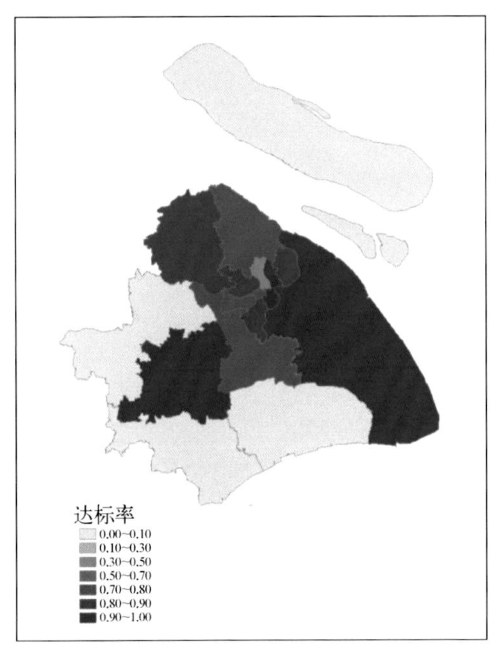

图 4-5　上海轨道交通出入口台阶高度达标情况分布

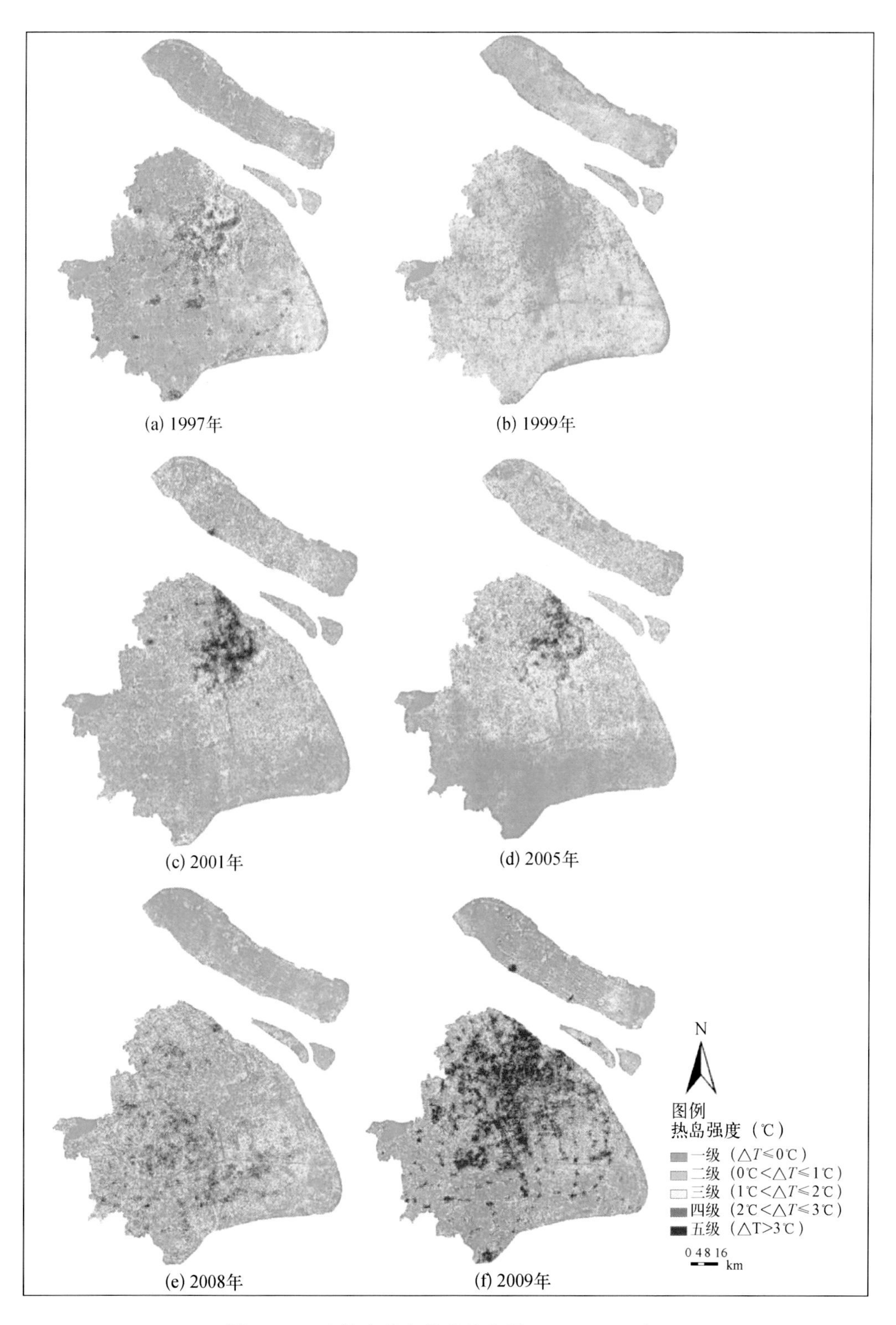

图 4－12　上海市热岛强度分布图(1997～2009 年)

图 4-16　土地利用/覆盖变化图（1997～2009 年）

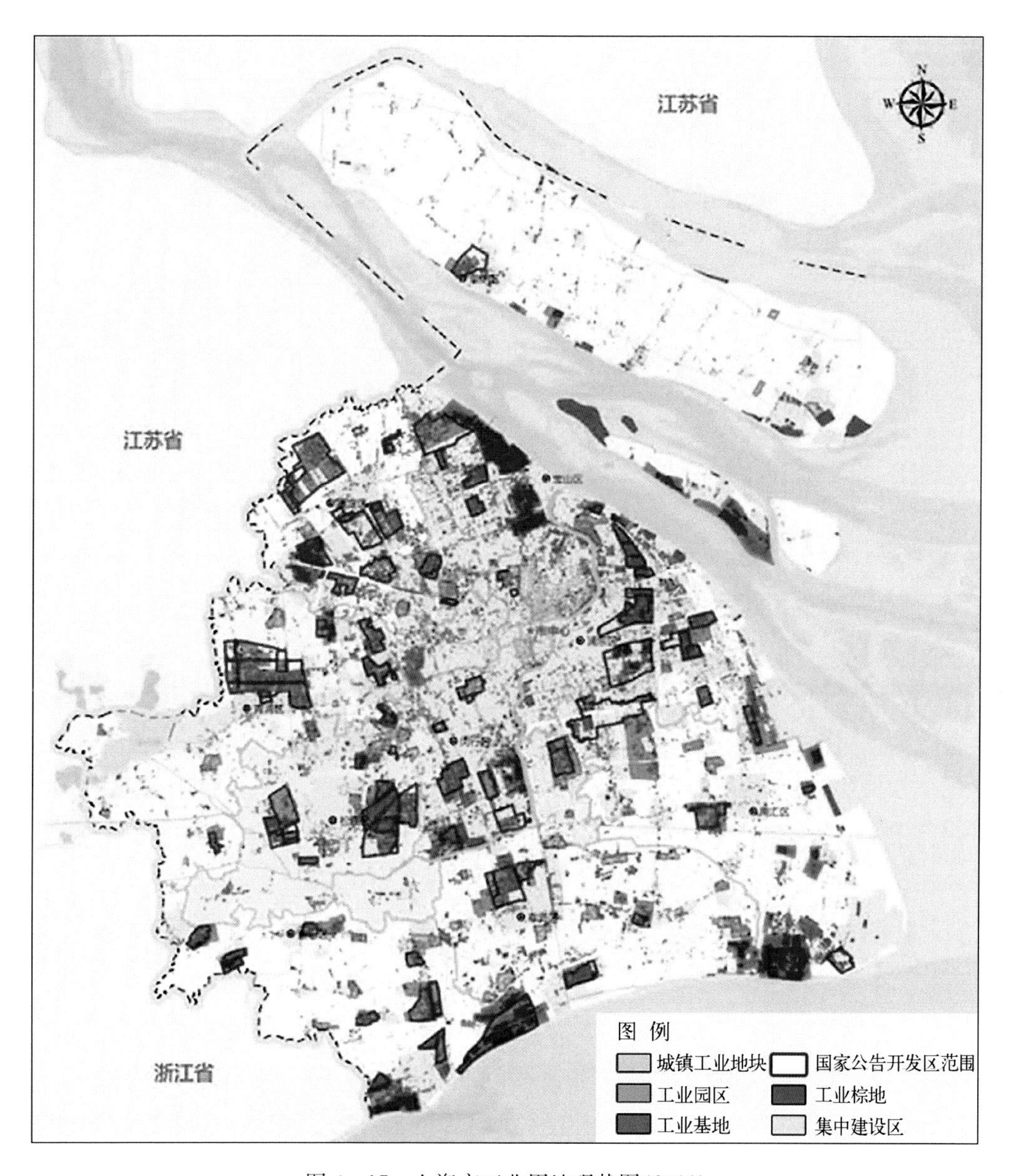

图 4-17　上海市工业用地现状图(2011)

资料来源:《上海市城市总体规(1999—2020)实施评估研究报告》。

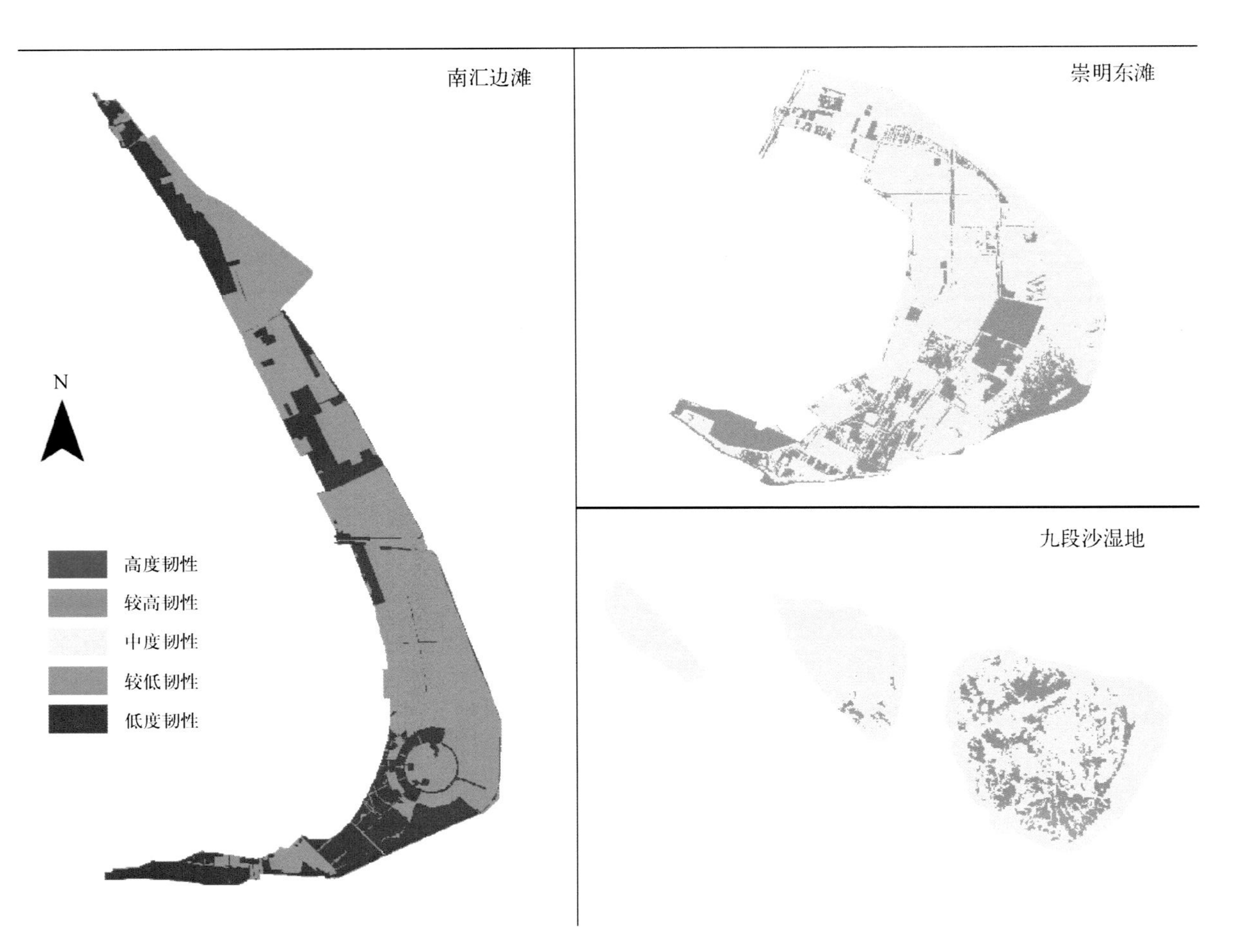

图 4 - 19　上海滩涂湿地生态系统中三种湿地的韧性等级分布图